미국 동부 렌터카 여행 & 블루리지 파크웨이

미국 동부 렌터카 여행 & 블루리지 파크웨이

초판 1쇄 발행 **2017년 4월 20일**

지은이 **박성종·전조조**

펴낸이 **김선기**
펴낸곳 **(주)푸른길**
출판등록 **1996년 4월 12일 제16-1292호**
주소 **(08377) 서울특별시 구로구 디지털로 33길 48 대륭포스트타워 7차 1008호**
전화 **02-523-2907, 6942-9570~2**
팩스 **02-523-2951**
이메일 **purungilbook@naver.com**
홈페이지 **www.purungil.co.kr**

ISBN **978-89-6291-386-6 03980**

미국 동부 렌터카 여행

& 블루리지 파크 웨이

박성종 · 전조조

푸른길

머리말

아주 오래전, 학회에서 학술발표회를 겸하여 답사차 일본에 간 적이 있었다. 전공이 같아서 늘 같이 움직이는 남편이 나를 살살 꼬셨다. 비용이 최저라는 장점을 내세우며 덕분에 일본 여행도 할 수 있다는 것이었다. 호텔은 물론, 먹는 문제까지 전혀 신경을 안 써도 되고, 단지, 보고 듣고 따라다니기만 하면 된다는 것이었다. 굴러온 꿀떡이 바로 이것이렷다.

난 체질적으로 버스를 오래 타지 못한다. 시간의 앞뒤를 끝잡아 30분쯤이면 그만이다. 이런 내가 비용이 최저라는 것에 혹했고, 자고 먹고 보고 듣는 모든 일들을 따라다니며 즐기기만 하면 된다 하여 그 어떤 다른 생각에 짬도 주지 않고 무조건 좋다 하며 따라나섰다.

9박 10일 그 대장정 같은 긴 날들을 난, 차멀미와 사투를 벌여야 했다. 함께 간 일행들에게 불편을 줄까 싶어 하루 반나절 이상 버스로 이동하는 내내 자고 또 잤다. 그 잠이 잠이었겠는가. 우매하게도 약을 하나도 챙겨가지 않았었다. 오직 흥분된 기대감만 보따리, 보따리 쌓아 갔던 것이다.

그 이후 절대로 단체로 어디를 이동하는 일에는 참여를 하지 않는다. 그러다 보니 여행을 계획할 때도 패키지Package는 아예 생각지도 않고 오직 자유여행만 구상한다. 이번 미국 동부 여행도 그러했다.

자유여행에는 여러 가지 변수가 고려된다. 자고 먹고 보고 듣고 즐기는 모든 일들을 스스로 해결해야 하는 것은 기본이고, 안전과 건강까지 두루두루

미국 동부 렌터카 여행 & 블루리지 파크웨이

챙겨야 한다. 거기에 비용도 단체여행에 속할 때보다 더 들게 된다. 그러다 보니 말 그대로의 이 '자유'를 그저 쉽게 얻기엔 여러 가지 불편한 문제들이 벅찬 어려움으로 다가오곤 한다. 그 여행의 감흥이 아무리 크다 해도 다들 쉬이 떠나지 못하는 것이 바로 이런 이유에서일 것이다.

남편과 둘이 여행을 다니면서, 아직은 이런 자유여행이 여러 가지 불편과 불안을 갖게 한다는 사실을 알게 되었다. 국내 여러 출판사에서 내놓은 여행 책자들이 볼거리는 충분한데 막상 행선지까지 가는 길은 친절하게 설명해 놓지 않았다. 길뿐만 아니라 렌터카를 이용한 여행안내는 지극히 단편적인 몇 가지 원칙론만 언급한 것이 전부라 할 수 있다. 거의 대부분 비행기와 버스, 기차 등의 대중교통 이용에 관한 것이고 자동차를 빌려 이곳저곳 누비는 데 대한 방법에 대해서는 구체적으로 어떻게 무엇을 어찌해야 하는지에 대한 자세한 안내가 없는 편이다.

지천명知天命과 이순耳順에 들어선 우리 또래 사람들이 사는 일에 바빠 자신을 잊고 지내다가 무언가 새로움을 찾아 나서기 위해 여행을 기획한다면, 이 책이 그들에게 작은 도움을 주었으면 하는 바램이다.

젊은 청춘들에게도 유용했으면 좋겠다.

교직 생활 36년을 건강하게 잘 마무리하고 이제 노년의 삶에 들어, 그래도 여전히 자신의 공부를 게을리하지 않으면서 가족 모두에게 든든한 버팀목이 되어 주는, 이 책의 공동저자인 남편에게 고맙다는 말을 이 지면에 새겨 둔다.

이 책의 1부는 내가, 2부는 남편이, 3부와 부록은 같이 의논하며 썼다. 서로 바꾸어 몇 번인가 검토했음은 물론이다. 부부 간의 대동아전쟁을 치르지 않기 위해 문투라든가 선택한 어휘 등에 대해서는 건드리지 않는 것을 원칙으로 했다.

내용 중에는 저자들만의 아집 섞인 견해도 있고, 때로 어법에 어긋나거나 잘못된 표기도 있다. 특히 표준어 사용을 비롯해 외래어 표기 등에 관하여는 현행 어문 규정에 따르지 않은 사항들이 여기저기 눈에 띈다. 평소 저자들이 알고 있는 지식에다가 나름대로의 주관과 개성을 가미했기 때문이다. 그것이 잘못이 아닌 문체의 차이라면, 넓은 아량으로 넘어가 주기를 바란다.

남편과의 미국 동부 렌터카 여행은 참으로 멋진 경험이었다. 둘이서 장장 36일 동안 6,000km를 넘는 거리를 자동차를 몰고 다니면서 때론 티격태격하고 때론 헤죽거리며 지낸 시간들이 아름다운 추억으로 남는다. 아메리칸 드림의 본고장이라 할 미국 동부 지역의 활기와 세련미, 그리고 블루리지 파크웨이의 평온하고 신선한 내음이 새삼 그립다. 이 모든 것을 행복이라 느끼면서 글을 맺는다.

이름이 널리 알려진 작가도 아니고, 여행에 대해 남달리 넓은 식견을 갖지도 않은 우리 부부의 글을 이쁜 책으로 꾸며 주겠노라 출간을 허락해 주신

(주)푸른길의 김선기 사장님과 이교혜 편집장님께 진심 다해 감사 인사를 드린다. 교정과 윤문 과정에서 저자들의 고집 어린 강한 주장을 무던히 받아 준 편집진에게도 고맙다는 인사를 전한다.

부디 이 책이 출판사의 이름을 돋보이는 데 한몫을 함으로써, 애초 다소 무모해 보였던 우리 부부의 글을 출간해 준 (주)푸른길에 조금이라도 마음의 빚을 덜 수 있기를 기대해 본다.

2017년 3월 31일
공동저자를 대표하여 전조조.

미국 동부 렌터카 여행 경로

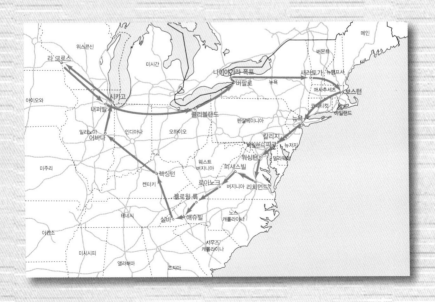

블루리지 파크웨이

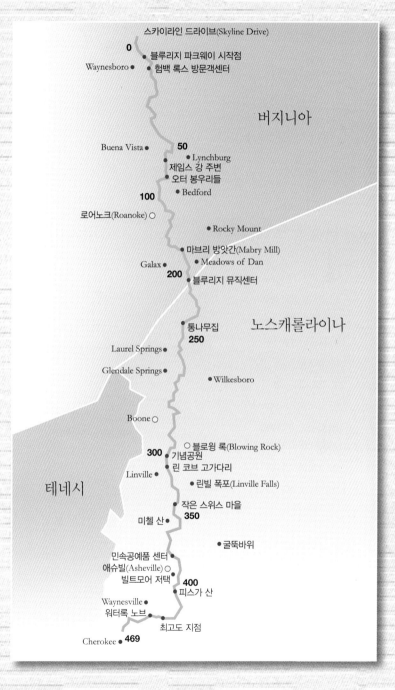

스카이라인 드라이브(Skyline Drive)

0 블루리지 파크웨이 시작점

Waynesboro ● 험백 록스 방문객센터

버지니아

Buena Vista ● 50
● Lynchburg
제임스 강 주변
● 오터 봉우리들
100 ● Bedford

로어노크(Roanoke) ○
● Rocky Mount
마브리 방앗간(Mabry Mill)
Galax ● ● Meadows of Dan
200 블루리지 뮤직센터

노스캐롤라이나

통나무집
Laurel Springs ● 250
Glendale Springs ●
● Wilkesboro

Boone ○
○ 블로윙 록(Blowing Rock)
300 기념공원
Linville ● 린 코브 고가다리
● 린빌 폭포(Linville Falls)

테네시
작은 스위스 마을
미첼 산 ● 350
● 굴뚝바위

민속공예품 센터
애슈빌(Asheville) ○
빌트모어 저택 400
Waynesville 피스가 산
워터록 노브
최고도 지점
Cherokee ● 469

Contents

제1부
미국 동부 렌터카 여행기

위스콘신 주

5월 20일(수): 인천 → 미국 일리노이 주 시카고 → 위스콘신 주 오널라스카 🚗

    오전 11시, 인천국제공항에서 아시아나 비행기를 탔다.

    미지를 향한 여행의 흥분된 기분은, 장장 13시간이나 되는 오랜 시간을 많은 사람들과 함께 비행기 안에서, 일반석 좁은 공간에서, 두 끼 식사와 간식을 먹으며 보내는 것, 그것만으로도 충분한 즐거움이 되었다. 다닥다닥 붙어 있는 의자 그리고 좁은 통로를 지나서 잠깐의 생리현상을 해결하기 위해 오가는 그 모습들을 보는 것이 이처럼 흥미로운 일인가 새삼스럽게 사람들의 앉아 있는 모습들과 동선이 아름다운 그림으로 보였다.

    13시간 가까운 긴 비행 끝에 시카고 오헤어 공항에 착륙한 시간은 오전 9시 40분경이었다. 한국 땅 서쪽에서 미국 땅 동쪽으로 비행하다 보니 12시간을 덤으로 더 얻은 셈이다. 한국 시간이라면 한참 잠자리에 있을 자정 무렵이다.

    입국 절차를 기다리는 승객들의 슈트케이스 사이를 킁킁거리며 바삐 돌아다니는 수색견, 그리고 그 수색견과 같은 짝이 되어 움직이는, 내 눈엔 조금

위협적으로 보였던 여자 공항경비원, 새롭게 보는 장면들이 재밌고 신기하기도 했지만, 혹시나 하는, 우리 짐 속에는 수색견의 코를 자극시킬 만한 물건이 전혀 없었음에도 불구하고 약간 긴장이 되었다. 이런저런 절차를 마치고 출국장으로 나올 때까지 내내 마음속 긴장은 계속되었다. 입국 수속은 긴 행렬에도 불구하고 비교적 빠르게 진척되어 지루한 느낌은 거의 없었다.

동생이 마중을 나왔다. 동생은 **위스콘신 주 라 크로스**의 **오널라스카**라는 곳에서 살고 있는데, 렌터카로는 처음 미국을 여행하는 우리 부부를 위해 라 크로스에서 비행기를 타고 마중 온 것이었다. 사는 집에서 시카고 오헤어 공항까지는 자동차로 약 4시간 걸리는 거리인 만큼 집까지 곧바로 찾아오라고 하기가 미안해서였는지, 어쨌든 고마웠고 반가웠다.

기쁨에 들뜬 수인사와 간략한 요기를 마치고 곧바로 허츠 셔틀버스 정류장으로 갔다. 곧 이어 셔틀버스를 타고 공항과 인접해 있는 지점으로 가 보니 전광판에 이미 남편 이름이 올라와 있었다. 한국에서 출발 전에 이미 예약을 완료한 상태이긴 했으나 머나먼 이국땅에서 그 사실을 확인하고 나니 적이 마음

위스콘신(Wisconsin) 주: 1848년 5월 29일 30번째로 미연방에 가입했다. 면적은 169,790 km², 인구는 약 536만 명(2011년 기준), 행정수도는 매디슨(Madison)이다. 맥주와 치즈로 유명한 밀워키(Milwaukee)와 중부지역 최고의 워터파크를 갖춘 리조트가 있는 도시로 유명한 위스콘신 델스(Wisconsin Dells)가 있다. 크고 작은 호수들이 많고 겨울엔 유난히 눈이 많이 내리고 춥다. 미국 제1의 낙농지대로 차량번호판도 America's Dairy land(낙농의 주)라 쓰여 있다. 농민의 이익을 위한 그레인지(Grange) 운동에 가장 먼저 참여한 주이며 게이의 권리를 입법화한 최초의 주이기도 하다. www.travelwisconsin.com(위스콘신 주 관광부) 참조.

라 크로스(La Crosse): 위스콘신 주에 있는 도시. 미시시피 강 강안에 위치한다. 봄, 여름, 가을엔 캠핑이나 하이킹, 낚시를 즐길 수 있고, 겨울엔 스키를 타기에 더없이 좋을 만큼 눈이 많이 내린다. 유람선을 타고 미시시피 강을 여행할 수도 있는, 사철 여가를 즐길 수 있는 천혜의 자연 조건을 갖춘 도시다. 홈페이지는 www.explorelacrosse.com이다.

오널라스카(Onalaska): 라 크로스에 있는 지명. 은퇴한 사람들이 모여 사는 곳도 있고 골프장도 있는 깨끗하고 조용한 곳이다.

이 놓였다.

 24시간 운영되는 지점의 사무실에는 이미 서너 팀 고객들이 와서 상담 중이었다. 잠시 순번을 기다린 후 남편과 영어가 잘 통하는 동생이 렌터카 계약 절차를 밟았다. 미리 예약한 사항들을 확인하고 추가 옵션 여부를 결정하는 일이 주된 내용이었다. 여권을 비롯하여 국제운전면허증, 신용카드를 제시하고, 연료는 꽉 채워 반납하겠다는 등의 계약사항들에 대한 간략한 문답이 오고갔다.

 우리의 주된 관심사는 세 가지였다. 첫째, 일반차량 중 럭셔리 급을 신청했는데 최근 출시된 차종 중 캐딜락 XTS를 렌트할 수 있느냐는 문의였으나 이에 대한 답은 'No'였다. 보유 차종 중에 없다는 것인지, 아니면 미리 차종을 선택하지 않아서 없다는 것인지 더 이상 묻지 않았다. 둘째, 유료도로 통과 시 자동으로 요금을 지불하는 전자단말기인 Plate Pass를 장착하겠다는 것이었다. 전자단말기 이용료와 유료도로 통행료는 차량 반납 후 두세 주 정도 지난 후에 제시된 신용카드로 후불 결제하게끔 되어 있다고 한다.

 마지막으로 가장 중요한 관심거리였던 것은 UMP Uninsured Motorist Protection 보험 문제였다. 이것은 무보험차량이나 뺑소니차량을 비롯해 보상액이 적은 상대방 차량으로부터 받은 상해에 대해 보상해 주는 것인데, 이 보험을 들지 않았을 때는 대인 및 대물 추가책임 보험인 LIS Liability Insurance Supplement에 따라 대인 최대 5만 달러 대물 최대 2만 5,000달러까지만 보상받을 수 있으나 이 보험에 가입하면 최대 100만 달러까지 보상 받을 수 있다 한다. 따라서 한 달이 넘는 비교적 장기간인 데다가 낯선 이국땅에서의 여러 위험 요소들을 감안하면 이 보험은 꼭 들어야 한다는 생각이었다. 그런데 한국의 허츠 지사에서 보내준 안내문에는 이 보험의 경우 현지 영업소에서만 가입이 가능하되, 골드

미국 동부 렌터카 여행 & 블루리지 파크웨이

회원은 가입불가라 쓰여 있었다. 이 문제에 대해 전화도 몇 번 했었는데 상담원 역시 같은 답변이었다. 허츠에 회원 가입을 하면 다 골드회원이 되는 것이고 골드회원이라 해 봐야 특별한 무엇이 보장되는 것도 아닌데 LIS로 어느 정도 보상이 된다는 것으로 말미암아 UMP 가입이 불가라는 것은 이해가 되지 않았다. 그런데 시카고 공항 지점의 담당 직원은 별 말 없이 대수롭지 않게 이 보험을 추가로 처리해 주었다. 보험료는 하루에 7달러 정도였다. 운전은 절대적으로 안전을 우선으로 해야 하고 만일의 사고에 대비한 철저한 준비가 반드시 필요한 만큼 보험 가입은 그 무엇에 우선하여 철저하게 챙겨두어야 한다는 것이 우리 부부의 철칙이기도 해서 말 그대로 Full Coverage로 가입했다.

렌터카 계약서의 주요 내용으로는, 출고 2015년 5월 20일 12시 57분, 반납 6월 24일 09시, 장소는 시카고 오헤어 공항 지점, 가입 보험은 자차보험이라 할 만한 LDW Loss Damage Waiver를 비롯해 대인/대물 추가책임 보험인 LIS, 운전자 및 동승자에 대한 상해 보험인 PAI Personal Accident Insurance, 소지품 분실 보상 보험인 PEC Personal Effects Coverage, 그리고 앞서 말한 무보험차량 상해 보험인 UMP까지 그야말로 전천후 보험이다. 어차피 보험이란 것이 추가로 내야 하는 선택적 비용이라기보다는 기본적으로 갖추어야 할 안전을 위한 경비라는 생각에서 전부를 든 것이다. 렌트 과정에서 빠진 것이 있다면 프리미엄 긴급 지원 서비스 비용뿐이었다. 이것은 차량 키 분실이나 배터리 방전과 연료가 떨어졌을 때, 그리고 3시간 이내 차량 교체를 못해 줄 경우에 보상해 주는 내용이다. 어차피 긴급 서비스는 기본으로 제공되는 데다가 견인 등으로 인한 추가 비용은 별도로 부담해야 하기 때문에 굳이 가입할 필요가 없다고 판단했다. 이러고 나니 총비용은 보증금 200달러를 포함하여 3,491달러가 남편 카드에서 결제된다고 한다. 결코 만만한 비용은 아니지만 즐거움과 안전을 위한 여행의 필수요건이라 생각하여 그러하는 데 주저하지 않았다.

깨알같이 작은 글자로 빽빽이 채운 8면으로 접힌 계약서와 렌터카 키를 받아 들고 사무실 바로 옆 주차장에서 차를 찾았다. 2015년식 라크로스 LACROSSE 였다. 국내에서 보는 GM코리아의 아카디아 3,500cc급에 해당된다 하겠다. 주행 거리는 불과 1,633마일. 그러니까 겨우 2,600여km만 뛴, 따끈따끈한 놈이었다. 허츠 회사는 1년 미만 차들을 렌트해 준다는 말이 맞는가 싶었다.

공항 지점을 빠져나와 시카고 시내의 한국 마트에 들러 잠깐 쇼핑을 하고 동생이 살고 있는 집까지 왔다. 저녁 8시가 넘었는데도 땅거미가 채 지지 않았다. 오랜만에 보는 제부와 조카들이 반갑기 그지없었다.

너무도 오랜만에 함께 저녁을 먹으며, 그간 더불어 나누지 못한 시간들에 대한 무심함을 이야기하며 마냥 어린아이들처럼 즐거워했다.

이런 날 어찌 술이 빠지랴, 와인을 좋아하는 제부가 이런저런 설명과 함께 내어준 와인은 달콤하기 그지없었고 여행 첫날을 기쁨으로 촉촉이 적셔 주기에 충분했다.

그렇게 첫날을 마무리했다.

5월 21일(목): 오널라스카와 라 크로스 🚗

동생은 얼마 전에 이층집을 새로 지어 이사를 했다. 아이들이 커서 집을 조금 넓혀 간 듯하다. 간호학을 전공한 동생은 먼 나라 미국으로 직업을 찾아 왔다가 지금의 남편을 만났다. 동생의 남편, 나에게는 제부인 그는 성실하고 인성이 잘 갖추어진 사람이다. 야무진 동생이 사람 선택을 잘했다 싶다. 그래도 서로 다른 세상에서 성인이 될 때까지 살았던 사람들이 만났는데 관습과 의견 차이 같은 일들이 왜 없었겠는가. 세세한 말은 아니하였지만 그동안 서로서로 맞추고 사느라 적잖은 마음앓이와 수고가 있었겠다 마음으로 짐작되는 일이다.

그래도 안정된, 그러면서 웃음을 주고받을 수 있는 화목한 가정을 지켜나가는 동생이, 내동생이지만 존경스럽다. 큰조카가 중학교에 다니고 작은 조카는 초등학교에 다닌다. 둘 다 여식아이다. 동생은 이제는 자신을 위해 시간을 좀 더 써도 되겠다고 생각했는지 지난해 대학원에 진학을 했다.

작고 여린, 전형적인 한국적 여인네인데 어찌 저리 강하고 큰 힘을 낼 수 있을까? 나이도 그렇고 키도 그렇고 몸무게도 더 많고 큰 나로서는 사실 그런 용기가 나지 않는다. 동생이 있어 이곳까지 여행 올 생각을 했고, 덕분에 마음 편하게 시간을 보낼 수 있어서 참 좋다.

아침을 먹고 잠시 쉰 후 동생이 자기 차로 이곳저곳 안내해 준다 해서 우리 부부는 함께 길을 나섰다. 동생 집 동네는 마치 너른 평원과도 같았다. 잘 포장된 진입도로 양옆으로 반듯하면서 아주 깔끔한 개인 주택들이 몇 채 듬성듬성 서 있고, 집 둘레는 물론 널찍한 공간마다 잘 깎은 잔디밭이 시원하고 상큼했다. 동네 바로 옆에는 골프클럽 건물과 골프장이 펼쳐져 있어 맑은 공기와 더불어 탁 트인 시야가 쾌적한 분위기를 자아냈다. 도회지의 다닥다닥 붙은 집과 아파트에 익숙한 우리 부부로서는 동화에 나오는 지상낙원의 한 장면과 같은 느낌을 받았다.

새집을 지어 이사하기 직전에 살던 인근의 동네와 집을 죽 둘러본 후 점심 무렵에 브런치를 잘한다는 레스토랑에 갔는데 놀랍게도 그곳 남자 직원이 한국말을 아주 유창하게 잘하는 것이 아닌가? 강원도 인제와 부산에서 각각 2

기찻길 교량 분리 모습

년씩 영어 교사를 하였다고 한다. 아주 잘 생기고 성격 좋게 생겼는데, 멋진 사람이란 생각이 들었다.

세상 참 넓고도 좁다. 어찌 여기서, 한국, 그것도 강원도 인제에서 영어 원어민 교사로 있었던 미국 사람을 만날 수 있을까 내가 바로 강원도 강릉 사람이 아닌가?

놀라움을 뒤로한 채 미시시피 강변으로 유람선을 타러 갔다.

유람선이 지나는 길목에 강을 가로지른 기차 철길 중간 부분이 잠시 둥글게 회전하여 분리되었다가 유람선이 지난 뒤에 다시 연결되는 신기한 광경을 보았다. 그런 것이 생소함, 바로 그것이렷다. 강 위에서 다리가, 그것도 기찻길이 배가 지나가도록 분리되다니, 여행은 이런 것인가 보다. 평소에 쉽게 접할 수 없는 일들을 낯선 곳에서 만나 볼 수 있는 거.

유람선을 타고 난 다음 라 크로스에서 꽤 유명하다는 아이스크림 가게로 가서 아이스크림을 먹었다. 맛은 그다지 없었지만 크게 달지 않아 좋았다. 친절하고 깨끗한 곳이었다.

20

저녁에는 어제와 같이 와인으로 만찬을 즐겼고 더하여 아이스와인까지 마셨더니 알딸딸하니 기분이 더없이 좋았다.

여행지의 특별함도 그러하지만 내 동생이 이곳에서 정을 붙이고 편안히 살고 있다는 것이 무엇보다 나를 기분 좋게 해 주었다.

남편은 피곤하다고 일찍 잔다. 나도 자야겠다.

5월 22일(금): 로체스터의 매요 클리닉 🚗

오늘은 제부가 근무하는 병원을 다녀왔다. 동생 집에서 두 시간쯤 달려 닿는 곳인 로체스터에 위치해 있었다. 제부가 주로 운전하고 동생이 가끔 교대를 해 주면서 다녀왔다.

병원 이름은 **매요 클리닉**이라 하는데, 종합병원이라기보다는 그냥 하나의 도시라 할 만한 규모였다. 로체스터 도시 전체가 매요 클리닉이요, 매요 클리닉이 곧 로체스터 도시라고 하는 편이 옳을 듯했다. 30개에 가까운 독립건물들이 모두 병원이라니 엄청난 규모다. 주 건물인 곤다 빌딩 Gonda Building은 얼마나 크고 깨끗한지, 병원이라는 느낌보다는 특급호텔, 아니 7성급의 호텔을

매요 클리닉(Mayo Clinic): 미네소타(Minnesota) 주 로체스터(Rochester) 시에 소재한 미국에서 가장 유명한 의과대학교이자 종합병원. 1889년 매요 형제가 세인트 매리 병원이란 이름으로 개원하였다. 세계 최초로 혈액은행을 열었고, 최초의 전문의 과정 개설, 수술 도중 즉시 조직검사를 통하여 수술 방향을 결정하는 냉동조직검사법 시행, 미국 최초로 CT(컴퓨터 단층촬영)를 진단에 이용, 1929년, 1950년 노벨 의학상 수상 등 의학 발전에 세운 공로가 지대하다. 중동지역의 왕족이나 미국 내 유명인, 세계 각국의 재벌들의 단골병원이기도 하다. 특히 체크업이라고 불리는 이 병원의 건강진단을 받기 위해 세계 각국의 유명인들이 이 클리닉을 찾고 있는데 기본 검진 비용은 물론, 대부분이 선택사항으로 되어 있는 각각의 검진비가 매우 비싸다고 한다. 3,000명의 의사와 약 35,000명의 의료종사자를 필두로 모든 진료, 치료가 세계 최대, 최고임을 자랑한다. 환자에 대한 철저한 서비스 정신, 즉 '환자 우선'의 의료경영을 지켜나가는 병원으로 연간 50만 명의 환자가 오간다고 한다.

매요 클리닉 내 곤다 빌딩

연상시키는 곳이었다.

　제부는 오늘 하루 우리를 위해 자신의 시간을 많이 할애해 주었다. 저녁 식사 역시 그러했다. 동생 집에서 30분쯤 걸리는 라 크로스에 위치한 미시시피 강변 식당에서의 저녁은 생음악까지 들을 수 있는 곳이어서 더없이 즐거운 시간을 보낼 수 있었다. 식당에서 연주를 하시는 분들은 모두 나이 지긋하였는데 직업이 아닌 음악을 즐기는 기분 좋은 얼굴들이었다. 나이를 떠나 자신의 일에 만족할 수 있다는 것이 참 좋은 일임은 분명하다.

5월 23일(토): 오널라스카 도서관과 라 크로스 쇼핑센터 🚗

　아침 식사 후 남편이 렌터카를 몰고 집을 나섰다. 땅덩어리가 큰 미국인지라 걸어서 어디를 간다는 일은 거의 상상하기 어려웠다. 간간이 마주치는 자동차들 이외엔 길거리 행인조차 찾아보기 힘들 정도로 번잡하지 않은 곳들이라 초행 운전이라도 그리 큰 걱정을 하지 않았다. 동생이 준 스마트폰에 길찾기 기능이 있어 별다른 어려움이 없었다.

인근의 오널라스카 도서관은 그리 크지 않은 단층건물로서 깔끔하고 아늑했다. 잘 정돈된 서가들과 친절한 사서, 소란하지 않으면서도 가족적인 분위기, 깨끗한 화장실 등이 맘에 들었다. 거의 모든 마을의 중심부에 이런 공립도서관 시설이 들어서 있고, 또 여러 층의 주민들이 부담 없이 자유롭고 친근하게 이용하는 것이 못내 부러웠다.

도서관 앞의 주차장은 꽤 넓었다. 주차장 너머에 주유소가 있어 주유를 하려고 신용카드를 넣고 이것저것 눌러보았으나 여의치 않았다. 특히 우리나라의 우편번호에 해당하는 zip code를 확인하는 기능이 있어 국내에서 발급 받은 신용카드로는 작동되지 않는 경우가 많다. 할 수 없이 주유소 사무실에 들어가서 현금을 일단 내고 주유한 다음 정산하는 방식으로 주유를 했다.

남편과 같이 여행을 다니면 가끔 남편 때문에 신경질이 날 때가 있다. 언어 사용의 문제인데, 평소 일상생활에서도 무엇을 설명하거나, 듣거나 할 때는 자신이 딱 해야 할 말만 하고, 들어야 할 말만 듣는 특성이 있는데 외국 여행을 가서도 그 능력을 발휘한다는 것이다. 영어를 못하는 것도 아니면서 남편은 상대의 말을 끝까지, 전부 듣지 않고 얼추 자신이 필요한 말만 듣고 딱 거기에 맞춘 대답만 한다. 영어 사용이 자연스럽지 못해서 남편에게 약간 의지를 하고 있는 나로서는 부아가 나지 않을 수 없는 일이다. 가끔 짜증이 폭발할 때도 있다.

30분쯤 달려간 라 크로스 쇼핑센터에서 간편하게 먹을 간식을 주문했는데 엉뚱한 것이 나왔다. 남편이 음식 주문에 필요한 말들을 차례로 해야 하는데, 딱 자기가 필요하다고 생각한 말만 한 통에 주문 받는 사람이 우리가 원한 것이 아닌 이름이 비슷한 다른 음식을 내준 것이다. 나는 기분이 몹시 나빴다. 내가 영어를 좔좔 쏟아낼 수 있으면 '주문한 대로 음식이 나오지 않았습니다. 바꾸어 주세요'라고 하겠지만 어찌 내 영어 실력은 고작 단어를 한둘 이어내는 정도이니 남편에게 바꾸어 달라 부탁을 할 수밖에 없는 처지이다. 그렇게 해 달라고 했더니 귀찮아하는 표정을 그대로 드러내면서 먹을 만하니 그냥 먹자는 것이다.

남편은 이런다. 그냥 만사 이해하고 슬렁 넘어가는 태도이다. 화가 몹시 났지만 그 상황을 언어로 여유 있게 해결할 수 없는 나이고 보니 어쩔 수 없이 내가 원하지 않은 엉뚱한 음식을 먹어야만 했다. 이럴 땐 내 자신에게도 화가 난다.

왜, 왜, 왜, 학교 다닐 때 그 길고 긴, 영어수업 시간을 가볍게 뛰어넘어 버렸을까?

그렇다 해도 나보다 좀 긴 문장 쓸 줄 안답시고 제 뜻대로 결정해 대는 남편이 밉고 싫다. 대충 먹고 심술 가득한 얼굴로 쇼핑센터를 돌아다녔다.

오후엔 동생 집에 돌아왔다가 동생을 태우고 다시 라 크로스로 향했다. 위스콘신 주에 속한 이 도시는 인구가 6만 명이 채 안 되지만, 1만 명이 넘는 재학생을 가진 위스콘신대학교 라 크로스 분교가 자리 잡고 있다. 동생은 이 대학의 대학원 석사과정에 재학 중인데 며칠간의 방학 기간을 틈타 우리가 방문하게 된 것이다. 위스콘신대학교는 1848년에 처음 개교하였고, 라 크로스 분교는 1909년에 설치되었다고 하니 그 역사가 꽤 오랜 대학교 중의 하나이다. 마침 토요일 주말인지라 낮은 건물들이 죽 늘어선 교정은 오가는 사람들을 찾아보기 어려운 한적한 분위기였다. 동생이 주로 이용하는 교내 건물을 위주로 몇 군데 돌아본 후 교정을 빠져나와 인근의 공원으로 향했다.

그랜대드 블러프 공원Grandad Bluff Park으로 오르는 도로는 길게 굽은 좁은 길이라서 승용차 외에는 통행을 시키지 않으며 서행해야 했다. 이곳은 도심에 인접한 공원으로서 정상은 해발 600피트 183m로서 절벽 위에 위치해 있다. 해발 고도로 따지면 서울의 남산보다 오히려 낮은 곳이지만 이곳 정상에서는 도시 전체를 한눈에 조감할 수 있을 뿐만 아니라 위스콘신과 왼녘의 북쪽 미네소타Minnesota와 남쪽 아이오와Iowa의 세 개 주가 서로 맞닿는 미시시피 강변 일대를 두루 조망할 수 있어 경관이 빼어난 곳이다. 위스콘신 주 안에서 전망이 가장 빼어난 곳이라 한다. 정상에는 삼각 지붕 아래 석조 기둥만이 버티고 있는 대피소 형태의 건물이 있고, 높다란 성조기가 게양대에 꽂혀 있었다. 정상에서 사방을 둘러보는 즐거움이 상당했다. 조금 떨어져 절벽 꼭대기 바위가 튀어나온 곳까지 갈 수도 있는데, 그 꼭대기 바위에 올라서서 사진 찍는 젊은이들 모습을 쳐다보니 아찔한 느낌이 들었다. 겁 모르는 젊음이라더니….

마침 정상에서 그리 멀지 않은 곳의 집들과 나무들 사이로 기차가 통과하고 있었다. 화물차였는데, 화물칸을 몇 냥이나 연결했는지 도대체 끝이 보이지 않는 것이 아닌가? 보통 20칸에서 30칸 정도만 연결한 기차에 익숙한 나로서는—그것도 지정좌석까지 찾아가려면 한참을 걸어가야 하는데—상상하기 어려웠다. 족히 100칸은 훨씬 넘을 듯했다. 미국의 물동량 규모, 그리고 그것을 운반하는 과정에서 기차의 역할이 크다는 사실이 새삼 느껴졌다.

오늘 저녁은 우리가 샀다. 일식집에 갔는데 중국 사람이 주인이고 음식은 일식과 중식을 섞은 퓨전, 싸고 푸짐하긴 했지만 좀 짜다는 생각이 들었다. 우리가 저녁을 내겠다고 했더니 음식 값이 비싸지 않으면서 그럭저럭 식사를 즐길 만한 곳으로 안내한 듯하다. 손님들 테이블마다 종업원이 기름을 부어 불을 붙여 가면서 야채와 고기를 뒤집는 등 다소 소란스럽긴 하나 그런 대로 분위기는 괜찮은 편이었다.

저녁을 먹고 집에 와서 와인을 마셨다. 제부가 와인을 좋아해서 동생네는 와인이 많다.

와인을 마시면서 자동차 내비게이션에 관한 이런저런 얘기가 나왔다. 우리가 렌트한 차는 내비 화면이 버젓이 달려 있음에도 불구하고 왜 사용할 수 없는지 좀 이상하다고 했더니 자동차에 관심이 많은 제부는 우리가 렌트한 차를 요리조리 살펴보았다. 그러더니 차에 장착된 내비는 사용이 가능할 것 같다고 했다. 요목조목 테스트해 보고 사용 가능함을 일러주었다.

완전 기분이 좋았다.

한국에서 렌터카를 정할 때 내비는 별도의 금액을 내야 한다고 해서 내비에 대한 관심은 일찍이 끊어버렸다. 마침 동생네가 가진 여분의 스마트폰에 내비 기능이 들어 있다기에 그것을 얻어 쓰려고 했기 때문이다. 렌터카의 차종에 따라 이미 내비가 장착되어진 차들은 그냥 써도 되는가 싶은데, 앞서 렌트한 사람들은 굳이 필요하지 않아서 내비 설정을 안 한 모양이다. 한국 허츠 지사의 안내 설명이 좀 부족하지 않았나 싶기도 하다.

아, 술도 좋고 기분도 좋고, 낮에 잠깐 남편 때문에 나빠졌던 기분이 싹 날아가 버렸다.

지금은 날랄룰루.

오늘부터 쓴 돈 좀 계산해 볼까나? 주유 24달러, 점심 7달러, 저녁 142달러

5월 24일(일): 위스콘신 주립공원 🚗

아침부터 비가 왔다. 으스스한 느낌이 든다.

미국 동부 렌터카 여행 & 블루리지 파크웨이

기차 모습

　반팔 티셔츠에 가벼운 바람막이 웃옷 등 걸쳐 입을 수 있는 옷가지를 주섬
주섬 챙겨 동생 집을 나서 렌터카로 **위스콘신 주립공원** 중의 하나인 곳에 갔
다. 어제 갔던 공원은 동생 집에서 남쪽 방향의 라 크로스 도시에 있었고, 이
공원은 그 반대 방향인 북쪽에서 약간 왼쪽, 즉 북서쪽 방향에 위치한 공원으
로서 미시시피 강변에 있었다.

　가는 길목에 미시시피 강을 낀 작은 마을과 기찻길을 만났다. 공원에서 위
쪽으로 올라가 내려다 본 마을은 미국이라기보다는 한국의 어느 작은 시골을
찾은 기분이었다. 자전거를 타거나, 걷기를 좋아하는 사람들이 찾으면 안성
맞춤인 곳인 듯싶다.

위스콘신 주립공원(Perrot State Park): 미시시피 강변에 있는 위스콘신 주립공원. 가파른 석회석 절벽
과 강변 풍경을 조망할 수 있는 공원으로서 150만 평이다. 원주민들이 이 산을 신성시하고 대표적인 모
임 장소로 활용하여 왔으며 초기 원주민들이 흙으로 쌓은 구조물이 남아 있다. 공원 이름 중 Perrot는 이
곳을 글로써 처음 소개한 프랑스인 개척자의 성씨이다.

때마침 어제 오후 그랜대드 블러프 공원 정상에서 내려다보았던 긴 화물 열차와 비슷한 놈과 맞닥뜨리게 되었다. 그 길이가 끝도 없이 길었다. 화물칸마다 칸칸이 다른, 각 나라의 화물회사 이름이 붙어 있었다. 아, 놀랍게도 거기에 한국의 '한진'이라는 글자가 보이는 게 아닌가. 평소 애국심, 뭐 그런 것에는 별 관심을 두지 않는 나임에도 KOREA라는 그 글자에 찡한 감정이 코끝으로 전해지고 한국에서 택배로 나와 늘 가까운 'HANJIN'이라는 글자에 감동의 물결이 내 맘속에서 파도처럼 철썩거렸다.

점심 식사는 며칠 전에 찾아갔던, 한국에서 원어민 교사를 지낸 멋진 청년이 종업원으로 서빙하고 있는 식당에서 했다. 여기는 대중음식점이 아니라 **Shrine of Our Lady of Guadalupe** 안에 있는 식당이다. 오늘은 일요일이라 주일 예배가 끝난 뒤에는 점심 식사를 예약한 사람들로 인해 빈자리가 없어 잠시 기다려야 했다. 맞은편 실내는 기념품 가게로 운영되고 있어 소일하기에 좋았다.

오후엔 동생네와 함께 은퇴한 사람들이 사는 집을 둘러보았다. 값이 5억 원이 넘는, 반지하가 달린 단층집이었는데 집 앞으로 펼쳐진 널따란 골프장 풍경이 아주 훌륭했다. 미국, 시골인 점을 생각하면 좀 비싸다는 생각이 들었다.

이민을 생각하고 있는 터라 미국 집들에 대한 관심이 크다. 그런 마음을 아는 제부가 주변 가까운 곳들의 집들을 보여 주곤 했다.

오늘은 점심 28달러, 팁 5달러만 썼다. 다〜〜 동생네에서 해결.

Shrine of Our Lady of Guadalupe: 라 크로스의 주교였고 후에 추기경이 된 사람이 주선하여 만든 순례자를 위한 가톨릭교회로서 2008년에 성모 마리아에게 봉헌하는 절차를 거쳤다.

일리노이 주

5월 25일(월): 오널라스카 → 시카고 → 워렌빌 🚗

며칠 묵었던 동생네 집을 오전 9시 30분경 출발하여 본격적인 렌터카 여행 길에 나섰다.

오늘이 마침 우리나라의 현충일에 해당되는 기념일로서 공휴일이라 고속도 로에 오가는 차들이 많았다. 위스콘신 주에 속하는 지역에서는 가는 길목마다 들를 만한 곳은 고루고루 들르며 미국의 고속도로를 즐겼다. 위스콘신 주에 속한 휴게소들은 한국처럼 도로와 접한 곳에 있는 곳이 아니라 도로를 잠시 벗어난 곳에 자리 잡고 있었다. 보통 Exit로 표시되어 있고 주유소 gas station와 식당 food, 숙박 lodge으로 구분되어 안내된다. 곳에 따라서는 간단한 쇼핑과 레 스토랑을 겸한 곳이 있었다. 우린 그런 곳마다 들러서 자동차 기름도 넣고, 점 심도 먹고, 과자도 사는 등 여유를 부리며 운전을 계속했다.

그런데 목적지 숙박시설로 빨리 가는 도로를 놓치는 바람에 일리노이 주의 시카고 시내를 관통하여 다시 돌아 나오느라고 예정보다 몹시 늦은 시간인 오후 5시경에 목적지에 도착했다. 출발할 때의 예상은 4시간 정도 걸린다고 했는데 예상보다 훨씬 늦게 되었다.

숙소는 시카고의 서쪽 교외에 위치한 **워렌빌**에 있는 하얏트 플레이스Hyatt Place인데 대체로 깔끔한 편이다. 주위는 조용하다. 값이 그다지 비싸지도 않고 그렇다고 싼 것은 더욱 아니지만 그럭저럭 며칠 쉬기에 부담 없는 곳이다. 우린 3박4일에 아침 포함하여 369달러를 지불했다. 원래 2층 방을 받았는데 앞이 너무 답답하여 옮겨 달라 부탁을 하였더니 그렇게 하마고 하였다.

남편은 그런 것을 몹시 싫어한다. 그냥 안내에서 정해준 방에 군말 없이 예약한 날만큼 지내다 가는 것이 정석이라고 생각한다. 그러나 나는 남편과 생각이 다르다. 내 돈 내고 내가 쉴 곳을 빌리는데 내가 원한 적당선은 지켜져야 한다는 것이다. 나는 곧잘 이런 문제로 남편과 실랑이를 벌이곤 하는데 그때마다 남편의 당혹해 하는 표정은 때론 나를 살짝 기분 나쁘게 만든다. 어찌되었든 새로 받은 방은 대체로 맘에 든다.

바로 이웃하여 **내퍼빌**이란 마을이 있는데 여러 종류의 레스토랑과 슈퍼마켓이 있다. 우리는 그곳 슈퍼마켓에서 통닭과 와인, 그리고 약간의 과일을 사와서 숙소에서 저녁을 해결하였다.

여행의 피로를 풀 수 있는 가장 간단하면서 만족스러운 휴식은 이러나저러나 술이 최고다.

미국은 와인도 통닭도 값이 싸서 맛난 것 찾아 먹는 데 부담이 없다. 와인과 그릴에 구운 통닭은 한국보다 휘얼씬 질이 좋고 맛있는데 값까지 싸다니 내가

워렌빌(Warrenville): 미국 일리노이 주 뒤파지 행정구(Dupage County)에 있는 도시
내퍼빌(Naperville): 워렌빌과 바로 이웃한 곳. 깨끗하게 정돈되어 있다. 하루쯤 둘러봐도 괜찮을 듯한 곳이다. www.visitnaperville.com

미국 동부 렌터카 여행 & 블루리지 파크웨이

어찌 이 좋은 기분을 술로 다스리지 않으리오.

슈퍼마켓에서 21달러, 고속도로에서 이런저런 군것질로 10달러, 주유 27달러

5월 26일(화): 시카고를 다녀오다 🚗

숙소를 도심과 좀 떨어진 곳에 구한 것은 잘한 일이었다. 주차 문제도 그렇거니와 번잡하고 갑갑한 곳에서 자고, 먹고를 계속한다면 여행의 피로가 배로 늘 것만 같다. 번화한 도심을 즐기는 것도 여행의 한 묘미라 하겠으나 나는 별루다.

아침 식사를 마치고 신사 정장에 넥타이를 맨 사람들이 호텔을 나서는 모습을 보니 업무차 시카고 시내로 볼일 보러 가는 사람들이 즐겨 찾는 곳인 듯하다.

호텔에서 제공된 아침은 뷔페식이었으나 종류와 맛 등이 별루였다. 조금 성의 없는 음식이었다는 생각이다.

아침을 먹고 숙소에서 이것저것 살피고 조금 늦은 오전 시내로 나갔다. **시카고 시내에서의 주차는 도심 한복판에 있는 밀레니엄 공원 구역 내의 지하주차**

시카고(Chicago): 시카고란 지명은 아메리카 원주민 어로 Shikaakwa, 즉 야생양파란 뜻으로 프랑스어로 번역되면서 유래되었다. 17세기 프랑스 탐험가 Robert de la Salle(로베르 드 라세이유)가 습지였던 이곳을 Checagou라 기록하면서부터 알려졌다. 1871년 10월 8일 O'Leary 부인 소유의 염소 한 마리가 랜턴을 걷어차 불이 나서 도심 전체를 태우고 9만 명의 사람들이 집을 잃는 대화재 참사를 겪었다. 1920년대에는 미국의 갱 두목 알 카포네의 영향으로 정치계가 부패되어 한때 범죄의 도시라는 오명을 갖기도 하였다. 그러나 현재는 미국 중·북부지역은 물론 국제적으로도 경제, 무역, 산업, 과학, 통신, 교통 물류의 중심 역할을 하는 도시로 화려하게 변모되었고 수준 높은 공연과 재즈, 문화, 교육, 관광도시로 가장 미국적인 도시라는 평을 받고 있다. 뉴욕, 로스앤젤레스 다음으로 큰 도시이다. 주요 볼거리는 시카고를 대표하는 공원으로 밀레니엄 공원(Millennium Park, 홈페이지는 www.millenniumpark.org)이 있다. 이 공원에는 크라운 분수(Crown Fountain), 클라우드 게이트(Cloud Gate)라 불리는 Bean 등등 무료로 볼 수 있는 예술적인 볼거리들이 다수 있다. 세계 최대의 분수 중 하나인 버킹엄 분수(Buckingham Fountain)

시카고 도심 빌딩들

장에 했다. 지하주차장은 약간 어둡고 폭이 좁은 편이었다.

지하주차장을 빠져나오니 고층 빌딩숲이 우리를 맞는다. 그야말로 미국적인 도시요, 건축의 도시라는 느낌이 들었다. 타원형의 스테인리스 스틸 소재의 거울 조각품을 배경으로 사진도 찍고, 두 개의 분수 타워에 비치는 얼굴들을 감상하기도 하고, 미국 3대 미술관 중의 하나라고 하는 시카고 미술관을 비롯해 시카고 문화센터 등을 두루 돌아보았다.

그런데 도중에 비가 억수같이 쏟아져 내렸다. 준비해 간 비옷 덕분에 장대

가 있는 그랜트 공원(Grant Park)의 북서쪽 한 편에 위치한다. 미국에서 두 번째로 큰 시카고 미술관(Art Institute of Chicago)을 비롯하여 주요 볼거리들은 대부분 도심과 그 주변에 밀집되어 있으므로 찾아다니는 수고로움 없이도 보는 즐거움을 한껏 느낄 수 있다. 도심을 조금만 벗어나도 도심에서 보았던 거대한 문명의 빛을 발하는 고층빌딩과 다채로운 문화의 향기가 꿈속 이었던 듯 머릿속을 멍하게 만들어 주기에 족한 분위기 어수선한 슬럼(Slum) 즉, 빈민가 지역들이 펼쳐진다. 뚜렷한 양면성이 존재하는 도시다. www.explorechicago.org 참조.

지하주차장: 주차장 위는 공원이다. 2,000여 대의 주차가 가능하다고 한다. 주차 요금이 비싼 대신 시카고 도심을 관광하기에 더없이 적절한 곳이다.

미국 동부 렌터카 여행 & 블루리지 파크웨이

시카고 도심 조각

비 속에서도 걷기가 무난하긴 했지만 아무래도 비를 피해야 할 것 같아 가벼운 점심 겸해서 도로변의 식당에 들어가 요기를 했다. 식당을 나오니 언제 그랬냐는 듯이 비가 그쳐 있었다.

다시 여기저기를 둘러보다가 길가 카페로 들어갔다. 고층빌딩의 1층에 있어 커피도 마시고 화장실도 들를 요량이었다. 그런데 아뿔싸 화장실이 눈에 띄지 않는 것이 아닌가? 한 쪽 구석 좌석에 젊은 동양인 여행객 여자 둘이 무언가를 시켜 먹으면서 앉아 있었는데 그들 역시 화장실을 이용할까 하는 기색이 역력했다. 미국의 도심지와 빌딩 안에서는 화장실 이용하기가 쉽지 않은 편이다. 맥도널드와 같은 업소들은 자체 화장실을 갖추고 있으나 모든 업소들이 그런 것은 아니다. 할 수 없이 조금 전에 봐둔 시카고 문화센터 건물로 다시 찾아가 무료로 깨끗하고 시원하게 작은 생리현상을 마쳤다.

변덕스러운 날씨에다가 그 많은 볼거리들을 찬찬히 다 살펴볼 여유를 가질 수 없어 도심 전체를 차로 휘리릭 돌아보는 것으로 만족했다. 구색을 다 갖추어 볼 것이라면 모를까 자신의 취향에 맞추어 몇 곳 선정하여 돌아본다면 차로 이동하는 것이 더 편할 수도 있겠다 싶다.

시내는 거대한 빌딩을 비롯하여 번화한 도시의 모습을 완벽하게 갖추었으나 도심을 벗어난 주변은 오래된 건물과 지저분한 공간들이 많아 여행 전에 그렸던 시카고에 대한 느낌이 많이 희석되었다. 기대한 것보다 못하다는 생각에 실망이 컸다.

저녁은 숙소 근처에 있는 Buffalo Wild Wings Grill & Bar라는 곳에 들렀는데 생각했던 곳이 아니어서 몹시 실망했다. 딱히 젊은 사람들 취향도 아닌 듯한데 실내는 몹시 시끄러운 분위기였고 튀긴 닭이 내 입맛과는 조금 멀었다. 평소 한국에서도 튀긴 닭이나 조미된 닭 음식을 먹지 않았던 터이라 미국식의 소스를 얹은 음식이 입에 딱딱 붙을 리가 만무였으리라.

아, 오늘 저녁은 완전 실패다. 한국으로 돌아갈 쯤에나 미국 음식의 맛을 느껴보려나….

슈퍼마켓에서 맥주와 마른안주를 사서 숙소에서 마셨다. 이러다 술독에 빠지는 건 아닐까?

점심 10달러, 저녁 26달러, 슈퍼에서 맥주와 안주 26달러, 주유 36달러, 주차 28달러

5월 27일(수): 샴버그의 쇼핑몰 다녀오다 🚌

늦은 오전 **샴버그**의 **우드필드 쇼핑몰**에 갔었다. 숙소가 있는 워렌빌에서 자

샴버그(Schaumburg): 미국 일리노이 주에 있는 도시로서 시카고에서 서북쪽 방향의 근교에 위치해 있다. 시카고 오헤어 공항에서 약 20km 떨어진 곳이다.

우드필드 쇼핑몰(Woodfield Shopping Mall): 대형 쇼핑몰이다. 여러 브랜드 점들이 이어져 있는 형태인데 비싼 매장도 있고 아주 저렴한 가격으로 쇼핑을 할 수 있는 매장도 있다. 대단히 넓은 주차장이 마련되어 있어서 한나절 쇼핑을 즐기기엔 적격이다. 홈페이지는 www.shopwoodfield.com이다.

시카고 정체 현상

동차로 30분 정도 떨어진 곳인데 쇼핑몰 주변에는 음식점도 몇 있어서 좋았다.

대단히 넓은 공간에 여러 가지 다양한 쇼핑거리가 있었다. 남편 티셔츠와 남방, 나는 봄여름 목에 두를 수 있는 스카프를 하나 샀다. 물건 질이 좋고 값이 싸서 좋았다. 물건은 한국의 이마트 정도의 값을 생각하면 될 듯한데 의외로 비싼 물건들도 있어서 다양한 취향의 고객들이 찾을 수 있는 곳이었다. 대단히 넓은 공간의 주차장도 맘에 들었다.

돌아오는 길은 갈 때보다 10분 정도 시간이 더 걸렸다. 시카고로 들어오고 나가는 차들이 원체 많은 탓인지 한국의 출퇴근 시간처럼 지체 현상이 생겼기 때문이다.

미국, 이 넓은 도로에서 지체 현상을 경험한 것도 색다른 재미였다.

저녁은 슈퍼에서 오븐구이 닭과 맥주, 바나나로 해결했다.

여행 땐 종종 슈퍼에서 음식을 사서 맥주와 함께 한 끼를 해결하는 경우가 있는데 특히 한 장소에서 다른 장소로 옮길 때는 늘 그랬다. 비록 2~3일, 때론 1일의 일정이었다 해도 그 일정을 정리하면서 한잔하는 재미는 피로를 푸는 방법도 되는 일이라 우린 이런 일을 즐긴다. 내일 장시간 운전을 위해 일찍 자야 한다고 이 글을 쓰는 동안 남편은 계속 자자고 조른다. 줄여야겠다.

점심 27달러, 쇼핑 50달러(티셔츠 6달러, 남방 21달러, 스카프 21달러, 물 2달러), 슈퍼마켓 15달러

오하이오 주

5월 28일(목): 워렌빌 → 클리블랜드 🚗

일리노이 주의 워렌빌을 떠나 인디애나 주를 거쳐서 오하이오 주 **클리블랜** **드**로 왔다. 374마일 602km 약 6시간.

처음 출발할 때 내비가 제대로 길을 안내하지 않아서 시작부터 피곤했다. 진입로 또는 출입구가 양방향이 아니라 한쪽으로 일방통행인 곳에서는 내비가 제대로 가리켜 주지 못하는 경우가 있다. 내비가 일러주는 대로 운행했다간 중앙선을 넘거나 역방향으로 운전하는 무모하고 위험한 운전을 감수해야 한다. 이건 생명과도 직결되는 문제인 만큼 이 경우만큼은 내비의 지시를 무시해야 할 것이다. 그러다 보면 본의 아니게 뺑뺑 도는 수가 더러 있다. 오늘

....

클리블랜드(Cleveland): 미국 오하이오 주 북동부 이리 호수(Lake Erie) 호반에 있는 도시. 자동차 공업을 중심으로 각종 공업이 발달한 도시로 유명하지만, 다른 한편으로 로큰롤 명예의 전당과 박물관(Rock and Roll Hall of Fame & Museum)으로 더 잘 알려져 있다. 이곳에 이 시설이 들어서게 된 데에는 1950년대 '로큰롤'(rock and roll)이라는 말을 널리 대중화시킨 DJ 앨런 프리드가 바로 클리블랜드 출신이었기 때문이다.

이 그런 경우 중의 하나였던 셈이다. 물론 제자리를 잡는 데 오래 걸리지는 않았다. 요즘 내비는 똘똘해서 잘못 가면 다시 안내해 주기 때문이다.

가는 도중에 여러 군데 고속도로 휴게소에 들렀다. 그 중에서도 오하이오 주에서의 The Turnpike-Service Plazas and Interchanges는 아주 잘 정돈되고 널찍한 한국의 고속도로 휴게소와 외모상으로는 별반 다름이 없어 보였다. 그러나 확실하게 차이 나는 하나, 화장실! 한국의 고속도로 휴게소에서는 절대, 아주 절대 보기 드문 깨끗한 대중화장실이었다. 그 많은 사람들이 오가는 곳인데 어쩜 이리 깨끗할까? 못내 그들의 청소하는 모습이 궁금해졌다. 휴게소가 전체적으로 깨끗했음은 물론이다. 내가 좋아하는 한국의 고속도로 휴게소 중 덕평휴게소도 꽤 깨끗하게 관리하는 편인데 화장실은 그곳에 비할 바가 못 된다. 훨씬 깨끗했다. 청소하는 사람과 이용하는 사람들의 의식에 따른 결과겠다 싶다.

우리나라도 공용화장실 이용을 좀 깨끗하게 했으면 좋겠다. 여행을 다니면서 외국 사람들의 의식과 크게 다른 점을 든다면 화장실 사용 문제가 아닌가 싶다. 모든 사람들이 그렇지는 않겠지만 우린 공용시설에 대한 청결 의식이 조금 부족한 듯하다.

출발에서 목적지 도착까지 대충 5시간 정도 걸리는 거리였는데 우린 6시간 넘게 운전했다. 도중에 남편이 피곤하다고 하여 내가 40분가량 운전을 했다. 이제 남편은 쉽게 피곤을 느낀다. 나이를 먹을수록 어린애가 된다는 말이 틀린 말은 아닌 듯하다. 예전엔 자신의 약한 모습을 절대 보이지 않았었는데 이제는 금시 지치고 힘들다는 소릴 자주 한다. 얄밉기도 하지만 한편 안쓰럽기도 하다. 세월을 이기는 장사 없다는 말 오늘 또 한 번 실감했다.

여행을 할 때 부부가 함께 시간을 나누어 운전을 하면 좋을 듯하다. 한 사람이 피곤할 때 대신 운전을 해주는 사람이 있으면 피곤을 덜 느낄 수도 있기 때문이다. 안전 문제도 마찬가지다.

미국에서의 운전은 한국에서보다 마음이 편하다. 일단은 양보하는 운전 습관들이 있어서 내가 조금 서툴게 운전을 한다고 해도 한국서처럼 불안해하지 않아도 되기 때문이다. 또한 거의 대부분의 고속도로가 가운데 분리되는 구역이 있어 반대 방향으로 오는 차들과 마주칠 일이 없어 우선 편하다. 그런 데다가 마침 렌트한 차의 운전석 앞쪽 유리창에 노란 글씨로 달리는 속도가 늘 찍혀 나오기 때문에 고개를 숙여 계기판을 들여다보지 않아도 되는 편리함도 있었다. 좋은 게 좋은 건지.

그러나 도심이라든가 도회지로 진출입하는 도로 상에서의 운전은 조금 다르다. 미국 하면 으레 넓은 도로에 여유 있는 길, 편안한 운전이라 생각하기 쉽다. 그러나 복잡하고 막히는 길은 한국의 서울 같은 곳도 있고, 비록 아주 극소수이기는 하지만 한국의 어느 고속도로에서나 볼 수 있는 모습들—이를테면 끼어들고 과속하고, 깜짝깜짝 놀랄 만한 속도로 바로 가까이서 차선 바꾸기 등도 간혹 눈에 띈다. 이럴 때면 우리가 미국이 아닌 한국의 어느 곳에서 운전하고 있다는 생각을 하게 만든다. 아무튼 운전은 늘 조심에 조심을 해야 하는, 긴장과 스트레스의 연속 작업이라는 점은 공통인 듯하다.

오늘은 고속도로만을 줄곧 달려왔다. 한동안은 좌우가 탁 트인, 달리고 달려도 편평한 도로뿐이라 시원하고 광활한 느낌에 신명나는 듯했는데, 그것도 너무 오래 달려서인지 나중엔 좀 지루했다.

점심 20달러, 저녁 26달러, 주유 19달러

뉴욕 주

5월 29일(금): 클리블랜드 → 뉴욕 주의 버펄로 🚗

오늘은 오하이오 주 클리블랜드를 떠나 펜실베이니아 주를 살짝 거쳐 뉴욕 주의 **버펄로**까지 달려왔다. 약 190마일306km을 달렸다.

오전 10시쯤 호텔에서 체크아웃하고는 곧바로 시내로 향했다. 시내 중심가에는 고층건물들이 꽤 많아서 대도시임을 실감나게 해주었다. 오대호 중의 하나인 이리 호Lake Erie 남쪽 호반에 위치한 로큰롤 명예의 전당과 박물관Rock and Roll Hall of Fame & Museum을 둘러보려 했으나 일정을 바꾸어 다음 행선지인 나이아가라 폭포 인근의 숙소로 바로 향했다.

오는 중에 휴게소에서 점심을 먹고 기름도 넣었다.

미국 동부 고속도로는 중간중간 휴게소와 쉼터가 있어 장거리 운전에 큰 무리를 주진 않는다. 휴게소는 한국과 달리 여러 형태가 있다. Service Plaza는

버펄로(Buffalo): 미국 뉴욕 주의, 이리 호반에 있는 항구 도시. 뉴욕 주에서 두 번째로 큰 도시이다.

한국의 휴게소와 가장 비슷한 형태의 휴게소이며, Service Area 역시 이와 비슷한데 여기저기 차를 세워 놓고 가볍게 앉아서 쉬거나 먹을 수 있는 야외 테이블을 갖춘 곳이 많다. 한국의 덕평휴게소나 일부 휴게소들과 같이 양방향의 자동차들이 주차 장소는 각기 다르지만 식당과 상점을 공유하는 곳도 있다. 오늘 가 본 휴게소 중의 한 곳은 고속도로를 가로질러 서로 걸어 다닐 수 있도록 칸막이 된 통로를 육교처럼 설치해 놓았다. 그러나 그런 곳은 좀 드문 편이고 보통은 Exit로 빠져나가 음식과 주유를 할 수 있도록 되어 있는 곳이 많다. 한국의 졸음쉼터와 같은 Rest Area가 있는데 잘 된 곳은 마치 작은 공원 같이 꾸며진 곳도 있다. 보통 미국 고속도로를 뛰려면 기름을 완전 채우고 달리라고 하는데 우리가 다닌 동부 쪽은 그럴 필요는 없는 듯하다. 도로 중간중간 휴게소에도 주유소가 있고 주유를 위한 Exit도 많기 때문이다.

오늘 숙소는 나이아가라 폭포를 보기 위해 인근 도시에 잡은 것인데 아주, 아주 맘에 든다. 깨끗함은 물론이거니와 간단한 식사를 해 먹을 수도 있고 가까운 곳에 식당들도 있다. 조금만 나가면 슈퍼마켓이 있는데 어쩜, 어쩜 한국, 그리운 나의 조국(!) 농심 라면이 한 자리를 떡하니 차지하고 있는 것이 아닌가.

한국에서는 라면을 거의 먹지 않는데 이곳 여행지에서는 라면을 가끔 먹는

미국 슈퍼마켓 안의 한국 식품들

다. 먹고 싶어진다. 라면을 끓여 햇반과 함께 먹으면 고대광실 진수성찬이 무에 필요할까 싶다. 꿀에 설탕을 더한 듯 달콤하고 매콤하고 입

나이아가라 폭포

에 착착 붙는 맛이 일품이다.

남편은 현지 음식을 참 잘 먹는다. 나도 마찬가지인데 그래도 라면과 김치의 유혹은 벗어날 수가 없다.

농심 라면으로 저녁을 간단하게 해결했고 통닭으로 맥주를…. 아, 좋다.

점심 42달러, 잡비 6달러, 저녁 43달러, 슈퍼마켓 44달러

5월 30일(토): 나이아가라 폭포 다녀오다 🚗

드디어 나이아가라 폭포를 보러 가는 날.

미국 기상청 예보로는 오늘 나이아가라는 비가 온다고 했는데 하늘에서 햇님은 방글방글거리고 기온은 늦은 봄날 그대로였다. 한국에서 기상예보 틀린다고 온갖 흉을 다 보았는데 여기도 별반 다르지 않다 싶었다. 자연의 심오한 변화를 인간의 힘으로 완벽히 살펴내기는 여전히 어려운가 보다.

이른 아침을 먹고 출발했다. 나이아가라 폭포까지 버펄로 숙소에서 약 30분 정도 걸렸다. 토요일이라 번잡할 듯싶어 서둘렀는데도 앞선 사람들이 꽤 많았다.

폭포 입구의 게이트웨이 몰Gateway Mall 주차장에 주차를 했다. 하루 종일 주차해도 10달러만 내면 된다고 했다. 조금 더 일찍 출발했더라면 안쪽으로 들어가서 주차를 하였을 터인데 안쪽 주차장은 벌써 만차 상태였다. 조금 걸어야 하는 불편은 있었지만 이국에서의 잠깐 걸음은 그도 여행이라 생각하니 즐거운 걸음이었다.

우린 디스커버리 패스Discovery pass를 끊어 5곳을 할인된 가격 38달러로 관람했다. 트롤리Trolley 전차 무료 이용이 포함된 금액이다. 트롤리 전차를 타고 순서대로 돌면서 나이아가라를 즐기면 편하다.

취향에 따라 2~3개 정도만 보아도 충분할 듯하다. 안개 속의 숙녀호나 바람의 동굴 정도만 보아도 나이아가라를 보았다고 할 수 있겠다 싶다. 굳이 전 코스를 다 볼 필요는 없을 듯하다. 그러나 우린 이 먼 곳까지 왔으니 이왕지사 볼 것 다 보고 가자는 욕심을 내어 나이아가라 계곡탐험센터, 모험극장, 수족관을 묶어 모두 보기로 하고 디스커버리 패스를 끊었다. 다 보고 나니 잘했다는 생각이 들었다. 오전 10경부터 시작했는데 오후 7시경 끝났다. 중간중간 먹고 쉬는 공간이 잘 되어 있고, 주변 경치도 아주 볼 만했다.

많은 사람들이 나이아가라 폭포는 미국 쪽보다 캐나다 쪽이 더 낫다고들 한다. 캐나다 쪽에 가서 보진 않았지만 미국 쪽도 대단하다. 폭포 앞, 옆, 주변을 천천히 돌아보면 캐나다에서 볼 수 없는 멋진 광경들이 펼쳐짐이 분명하다. 하루를 온전히 폭포 주변을 돌아볼 수 있는 여유 있는 시간을 투자했을 때 그 분명함은 면면히 드러날 것이다.

우린 그 모두를 아주 재밌게 보았다. 대단한 장관이었다.

오늘 새삼스럽게 남편에게 고맙다는 생각을 했다. 남편 덕분에 이런 멋진 곳 여행도 와보게 되었으니 말이다. 나이아가라 폭포는 여행의 묘미를 한껏 안겨준 기분 좋음 그 자체였다.

여행사를 통하여, 여행 안내자의 도움을 받은 경우가 아니고 우리와 같이 자유여행의 경우 복잡하고 번잡한 장소에서 이리저리 장소를 옮겨 가며 관광을 하는 일은 쉬운 일이 아닌 듯하다. 처음에는 그 침착하고 꼼꼼한 남편도 주차하기, 표 끊기, 순서대로 찾아가기 등등 이곳저곳 어리어리한 모습을 보였다. 나는 여행을 가면 그냥 남편 뒤만 졸졸 따라다닌다. 그러다가 내가 원하는 바가 아닌 일에는 투정을 부리는 일을 해댄다. 가끔은 생각한다. 내 남편이 아닌 다른 사람과 결혼을 했으면 지금 난 어떤 모습일까? 아마도 이혼을 해서 혼자 살거나 서로 미워하며 닭 쫓던 개 보듯 한 채, 한 공간에서 아닌 듯 인 듯 그리 살지 않을까. 내 급하고 다혈질적인 성격에는 말이다.

언어조차 다른 낯선 곳에서 생소한 일들을 하느라 긴장하였을 터인데 이것저것 참견에, 잔소리에, 투정에, 그 모든 심술을 묵묵히 받아내 주고 내가 원하는 바대로 이리저리 움직여 준 남편이 오늘은 더없이 고마웠다. 아니 고마움을 떠나 존경스럽다는 생각이 지금 이 글을 쓰는 순간에도 내 마음속에 가득가득 차오른다.

남편 졸졸 따라다니며 즐긴 나이아가라는 대충 이랬다.

안개 속의 숙녀호 Maid of the Mist

폭포를 가까이서 즐기는 가장 좋은 프로그램이다. 나이아가라에는 세 개의 폭포─미국 측 방문객센터 왼쪽의 미국 폭포 American Falls, 이것과 인접한 작

안개 속의 숙녀호를 타고 접근한 말굽 폭포

은 규모의 신부 면사포 폭포Bridal Veil Falls, 그리고 캐나다 국경 쪽의 말굽 폭포Horseshoe Falls—가 있는데 이 세 폭포를 배를 타고 돌면서 관람하는 프로그램이다. 특히 이 중 폭이 2,500피트762m로 가장 넓은 말굽 폭포 아래까지 가까이 가서 물벼락을 맞는 즐거움이야말로 압권이라 하겠다. 전망대 다리와 탑 아래로 내려가 배를 타며, 1회용 비닐 우비를 제공해 주는데 신발은 물론 양말까지 촉촉이 젖기 때문에 대비해야 한다. 시간 여유가 있어 순서를 바꿔 '바람의 동굴'부터 다녀온다면 그곳에서 제공 받은 샌들을 신고 다닐 수 있다.

바람의 동굴 Cave of the Winds

미국 측 방문객센터에서 순환 전차 트롤리를 타거나 미국 폭포 위쪽의 보행자 다리를 건너 맞은편 입구로 들어가면 된다. 바람의 동굴 코스는 땅 아래로 수직으로 떨어지지 않고 튀어나온 바위들 위로 떨어지는 폭포—신부 면사포 폭포—의 폭포수를 직접 느껴볼 수 있도록, 나무 사다리를 설치해 놓아 폭포수

나이아가라 폭포 중 '바람의 동굴'

바로 밑까지 접근할 수 있도록 되어 있다. 1회용 우비와 샌들을 받아 착용한 후 짧은 동굴을 거쳐 내려간다. 이때 받은 샌들은 반납하지 않아도 되는 듯하다. 관람객 중에는 그대로 신고 다니는 사람들도 많았기 때문이다. 샌들을 반납한 것을 몹시 후회했다. 튼튼하고 모양도 꽤 예뻤다.

나이아가라 계곡 탐험 센터 Niagara Gorge Discovery Center

나이아가라 폭포와 계곡 일대의 지층과 화석 일부를 유리로 된 엘리베이터를 타고 내려가면서 직접 관찰할 수 있는 곳이다.

나이아가라 수족관 Aquarium of Niagara

1,500종 가까운 수족 생물들을 모아놓은 곳으로서 수족관을 비롯해 돌고래 쇼 장소, 물개 비슷한 강치들 놀이터 등을 둘러볼 수 있다.

나이아가라 계곡 탐험센터

나이아가라 폭포 수족관

나이아가라 모험 극장 Niagara Legends of Adventure Theater

　미국 측 방문객센터 아래 지하층에 있는 극장으로서 나이아가라 폭포와 관련한 역사와 탐험 이야기를 담은 영화를 보여 준다. 포도주 저장 통 속에 들어가 폭포수와 함께 떨어지는 모험을 즐기는 미국 할머니의 당돌함과 모험심에 그저 놀랄 뿐이다.

점심 45달러, 주차 10달러, 아이스크림 10달러, 1일 관람비 76달러, 슬리퍼 16달러

5월 31일(일): 버펄로 숙소에서 🚗

오늘 나이아가라 주변 와이너리포도농장에 가려고 했는데 비가 와서 숙소에 오전 내내 머물렀다. 시간도 남고 해서 밀린 빨래를 하기로 했다. 장기 여행을 다니면 크게 어려운 문제가 몇 있는데 그중 하나가 세탁이 아닌가 한다.

다행히 이곳 숙소는 세탁기와 세탁건조기가 준비되어 있어 세제만 사면 그 기계를 무료로 이용할 수 있게 되어 있다. 마침 미국에 사는 동생네도 그와 비슷한 기계를 사용하고 있어서 대충 배운 감으로 세탁을 시작했는데 막상 기계 동작을 시행하는 과정에서 어리바리하게 되었다. 린스를 넣는 곳과 세제를 넣는 곳을 몰라 주춤주춤하고 있는데 옆에서 기다리던 남편이 지루하단 듯 볼멘 소리로 한마디 했다.

"사용할 줄 안다며?"

순간 확 끓어오르는 분노!

"지금 비꼬는 거야, 배웠어도 모를 수 있는 거지, 내가 세상의 모든 세탁기를 잠깐 배웠다고 다 사용할 수 있는 능력자야?"

하고 소리를 냅다 질러버렸다.

남편도 지지 않고 대꾸를 했다.

"왜 신경질을 내고 그래. 사용할 줄 안다고 큰소리 쳐 놓고 동작을 못 시키고 있으니 그렇지."

"…"

그다음은 결혼한 세상의 모든 부부들이 어찌 부부싸움을 하는지 상상에 맡겨두기로 한다.

난 어제 나이아가라 폭포 앞에서, 옆에서, 주변 모든 길에서 적어도 1시간 간격을 넘지 않고 '사랑해, 사랑해요, 사랑합니다… 오우, 내 사랑…' 남편에게 할 수 있는 모든 사랑의 말을 다 내어놓지 않았던가, 하루, 아니 채 24시간을 벗어나지 않은 시간에 마치 원수와 싸우듯 온 정열을 다 쏟아 싸움을 하다니 부부란 참 묘한 관계다. 아주 별것도 아닌 세탁기 사용 문제를 가지고 살 듯 안 살 듯 싸움을 하려 들다니, 그것도 한국을, 적어도 비행기를 타고 12시간 이상을 날아온 미국이란 곳에 여행을 와서 말이다…!!!

여행이 좋은 점은 감정 정리가 집에서보다 빠르다는 것이다.

아주 짧은 동안의 원수 같던 사이가 어느새 풋내 담긴 달콤한 감정으로 가득가득 채워진 첫사랑으로 변해서

"우리 점심 뭐 먹을까?"

남편의 이 한마디에

"오우, 예! 어디 갈까? …"

…

비가 와서 하루 종일 숙소에서 놀았다. 이젠 늙어서 하루 놀고 하루 쉬는 꾀가 는다. TV만 봤다. 마침 미국과 이란 배구 경기가 나와서 재밌게 보았다. 남편과 나는 스포츠 경기를 같이 보는 것을 무척 즐긴다. 마침 비도 오고 해서 숙소에서 TV를 보면서 편안하게 하루를 즐겼다.

원래 오늘 일정은 와이너리 가는 것이었건만 비 때문에 꽝 되었다.

점심 겸 저녁 18달러

6월 1일(월): 버펄로 → 새러토가 스프링스 🚗

　버펄로에서 **새러토가 스프링스**의 B&B 즉, Bed and Breakfast로서 숙박과 아침 식사를 제공하는 민박집으로 왔다. 목표한 행선지는 보스턴이었지만 한 번에 찾아가기에는 조금 멀다 싶어 중간 기착지로 잡은 곳이다.

　오는 길에 1시간 정도 내가 운전했다. 뉴욕 주의 고속도로 휴게소는 Service Area다. 도로와 접한 곳인데 한국의 고속도로 휴게소와 같다고 볼 수 있다. 화장실은 한국보다 훨얼씬 깨끗하다.

　민박집 숙소는 이층집으로서 조금 작은 편이었지만 역시 깨끗했다. 여자 두 명이 운영하는 곳인데 시원시원한 성격이 맘에 들었다. 숙소 여주인이 알려준 시내 식당에서 저녁을 먹었는데 분위기도 괜찮았고 음식도 무난했다. 미국의 레스토랑은 식사를 하고 반드시 팁을 주어야 한다는 것이 조금 익숙지 않아 돈이 아깝다는 생각이 들곤 한다.

　숙소에서는 저녁에 맥주와 음료, 와인까지 무료로 먹을 수 있었다. 화이트 와인을 먹었는데 맛은 별루였다. 4성급 이상의 호텔에 준한 숙박비를 생각한다면 그 정도 서비스는 당연하다는 생각이 들었다. 진짜 호텔보다 비싼 B&B였다.

　숙소 비용은 비쌌지만 덕분에 국도를 달려오느라 미국의 시골길, 시골 마을, 좁은 골목 등을 볼 수 있어 좋았다. 국도 주변에도 주유소가 있어서 기름

새러토가 스프링스(Saratoga Springs): 뉴욕 주 동부에 있는 온천 휴양지다. 매년 전통 있는 경마 경기가 열리는 경마장과 국립경마박물관 및 명예전당이 있고 독립전쟁 당시 새러토가 전투를 기념하는 새러토가 국립역사공원이 있다. 특히 이 공원을 둘러보는 길(Tour road)은 가족과 함께 숲을 경험할 수 있는 좋은 장소이다.

새러토가 국립역사공원 방문객센터

걱정할 필요 없이 달릴 수 있다는 사실도 오늘 알았다. 처음 자동차 여행을 하려고 할 때 어딘가 미국은 한 도시 한 도시 간 거리가 워낙 멀기 때문에 기름을 꽉 채우고 가야 한다는 글을 읽은 듯해서 내심 걱정을 많이 했는데 우려였다. 고속도로는 중간중간 휴게소에 주유소가 있고, Exit로 나가도 되고, 국도역시 곳곳에 주유소가 있어 달리면서 기름 걱정은 하지 않아도 된다는 사실을 알았다. 동부는 그렇다. 다만, 주유소마다 기름값이 조금씩 다르다는 사실!

점심 15달러, 기름 40달러, 저녁 60달러

미국 동부 렌터카 여행 & 블루리지 파크웨이

매사추세츠 주

6월 2일 (화): 뉴욕 주의 새러토가 스프링스 → 매사추세츠 주 난타스켓 비치 리조트 🚌

　뉴욕 주에 속한 새러토가 스프링스의 숙소에서 매사추세츠 주 보스턴 시에서 조금 떨어진 **난타스켓 비치 리조트**로 왔다. 거리상으로 대략 225마일362km이지만 여기저기 들러 오느라 저녁 무렵에야 도착했다.

　새러토가 스프링스에서 새러토가 호수와 **새러토가 국립역사공원**을 둘러보았다. 역사적인 전투 현장에는 기념품 상점과 전시실을 겸한 방문객센터 건물도 있어 잠시 쉬면서 살펴보기에 좋았고, 현장 일대를 도는 트레일 코스도 갖춰져 있는데 보스턴까지 오는 시간 때문에 공원을 다 둘러보지는 못했다. 한 번쯤 돌아보면 충분히 좋을 곳이었다.

....

난타스켓 비치 리조트(Nantasket Beach Resort): 매사추세츠 헐 지역 해변 피서지.

새러토가 국립역사공원(Saratoga National Historical Park): 미국 독립혁명 전쟁 당시 1777년 새러토가에서는 두 번의 전투가 있었다. 그때 당시를 기념하는 역사 공원이다. 공원 안에는 전투 장소를 차로 돌아볼 수 있는 9마일(14km 정도)의 드라이브 길이 있다. 자전거나 하이킹도 할 수 있도록 아주 잘 정리되어 있다. www.nps.gov/sara

보스턴 난타스켓 주변

　새러토가 스프링스에서 보스턴으로 오는 고속도로는 마치 넓은 국도를 달리는 듯한 모습이었다. 오르막도 있고 내리막도 있고 좌우 넓은 초원과 초목들이 보기 좋았다. 그러나 보스턴 가까이 오자 마치 한국에서 서울에 진입하기 위한 강남의 초입 양재 주변을 지나는 듯 차들이 밀리고 막히고 번잡하였다. 어느 나라나 대도시로 진입하는 길은 마찬가지인가 보다.

　도착 예정 시간에 얼추 맞추어 예약해 둔 리조트에 왔다.

　실망이 컸다. 한국의 리조트를 생각했던 탓에 실망은 허망으로 바뀌면서 기분이 우울해졌다. 방은 어둡고, 좁고, 겨우 3층 건물의 엘리베이터는 고약한 페인트 냄새로 머리가 아플 지경이었다. 3박을 해야 했기에 방을 바꾸어 달라고 했다. 없다는 것!

　그럼 오늘은 어쩔 수 없으니 쉬고 내일 나가겠다고 했다. 그랬더니 예약 당시 3박 요금을 다 받았기에 곤란하다고 했다. 그래도 환불해 달라고 했더니 짜증 가득 담은 내 인상이 고약해 보였던지 매니저가 나와서 오늘은 마침 다른 방이 있으니 하루 쉬고 내일은 향은 다르지만 같은 평대의 방으로 옮겨준 다고 했다. 즉, 하루는 자기들이 서비스로 좋은 방을 준다는 거였다. 전망, 크기 등등이 좋은 방은 요금이 좀 더 비싸다는 것이었는데 요금을 더 내도 좋으니 옮겨 줄 것을 요구했으나 여분의 방이 없다는 대답만 늘어놓았다.

여행을 다니면서 인터넷을 통해 숙소를 예약하다 보면 예상과 다른 불편하고 기분 나쁜 경우를 가끔 겪게 된다. 오늘이 딱 이 경우인데 기분이 나빴지만 할 수 없이 여기서 3박 머물기로 했다.

내 돈 낸 만큼, 그 값에 맞춘 정당한, 깨끗하고 전망 좋은 방을 달라는 것인데 이렇게 요구하는 내 곁에서 남편은 항상 좌불안석이다.

남편은 늘 그런다, 좋은 게 좋은 거, 이런 생각을 가지고 있어서 남에게 불평을 하거나 하는 일을 싫어한다. 이런 남편이 때론 답답하고 짜증나기도 하지만 여행지에서는 그런 소심한 성격을 백분 이해해서 할 소리 줄이는 경우가 종종 있는데 오늘 나는 그러했다.

유창한 영어 실력만 있었으면 난 분명 3박 모두 방을 옮겨 가는 데 성공했을 터이다. 분명!

점심 10달러, 저녁 39달러, 물 3달러, 주유 10달러

6월 3일(수): 보스턴과 하버드대학교를 구경하다 🚗

며칠 만에 맑은 날을 보았다. 요 며칠 비가 계속 내렸고, 흐렸고, 별로 기분 좋지 않은 날이었는데 오늘은 기분이 좋다.

아침을 먹고 **보스턴**으로 나갔다. 가는 길목에 지체 현상이 있었고 도심은 한국의 복잡한 강남과 다를 바 없었다. 원체 복잡한 곳을 싫어하는 남편과 난,

이런 곳이 좋을 리 만무다. 많은 관광객들이 보스턴에 볼 것이 많다고 하는데 나는 별루 그렇게 생각 들지 않았다.

하버드대학은 흔히 생각하듯이 학교 울타리가 넓게 둘러쳐 있는 곳 안에 있는 대학 캠퍼스와는 전혀 다르다. 울타리라 할 만한 것이 없음은 물론이고, 여러 건물들이 밀집해 있고 그 사이 사이에 자동차 도로가 나 있는 그저 자그마한 도시 전체가 곧 대학이라 할 만하다. 대학 정문에서 차를 통제하거나 하는 일이 따로 없는 까닭에 앞차들을 따라 서행하다 보면 이미 대학 구내로 들어서게 된다. 더욱이 헷갈리기 쉬운 점은 지명이다. 보스턴에 위치해 있다고들 하지만 보스턴은 오른쪽에 위치한 큰 도시 이름이고, 정작 대학이 자리 잡고 있는 곳은 찰스 강을 사이에 두고 보스턴 시와 맞닿아 있는 위성도시라 할 만한 **케임브리지 시**에 해당된다. 이 이름은 영국의 잉글랜드 케임브리지에 있는 오랜 전통의 동일한 이름의 케임브리지대학교와 혼동하기 쉽다. 그리고 하버드대학 구내를 관통하는 대로의 이름이 매사추세츠 대로Massachusetts Avenue라서 주 명칭인지 도로명인지 헷갈리기 쉽다.

하버드대학 구내에는 별도의 주차장이 없었다. 도로변에 동전을 넣는 주차

보스턴(Boston): 미국에서 가장 오랜 역사를 가진 도시. 독립혁명의 첫 전투가 이곳에서 시작되었고, 남북전쟁의 발상지 역시 이곳이다. 현 시대의 최고, 최상의 교육(인근 하버드대학과 MIT공대 등의 영향)과 예술이 함께하는 생동감 넘치는 젊은 문화 도시이다. 이름 있는 명소들이 대부분 도심을 중심으로 자리하고 있어 느긋한 걸음으로 하나하나 찾아보는 여유도 누려볼 수 있는 곳이다. 특히 세계 4대 미술관 중 하나인 보스턴 미술관은 이 도시를 빛내는 또 하나의 작품이기도 하다. www.cityofboston.gov(보스턴 시의 공식 사이트)와 www.bostonusa.com(보스턴 시의 관광부) 참조.

케임브리지(Cambridge) 시: 미국 매사추세츠 주 동부에 있는 도시. 찰스 강을 사이에 두고 맞은편에 보스턴이 있다. 하버드대학교를 비롯한 세계적으로 유명한 대학들이 자리하고 있는 만큼 명실상부 교육과 연구의 중심 도시이다. 원래는 1630년 뉴타운이란 이름으로 건설되었으나 1638년 영국의 학술도시인 케임브리지로 그 지명을 개명하였다. 1846년 시가 되었고 제1차 매사추세츠 대륙회의가 이곳에서 열렸다. 미국 최초의 인쇄소가 이곳에 세워져 현대적인 인쇄출판업의 선구지가 됨은 물론 보스턴과 지하철이 연결되어 있어 산업과 다양한 제조업이 발달되어 있다. www.cambridgema.gov

하버드대학 내 동상

판들이 세워져 있어 일단 주차하고 이모저모 살펴보아도 잘 알 수가 없었다. 마침 지나는 나이 든 학생인 듯한 이가 있어 물어보니 25센트짜리 동전만 이용하고 별도의 영수증 없이 넣은 동전만큼의 잔여 주차 시간이 표시된다고 일러주었다. 그런데 고맙게도 25센트짜리 동전 몇 개를 거저 내주려는 것이 아닌가? 얼른 감사 표시를 하고 안 받으려는 걸 만류하고 1달러 지폐를 건네주었다. 주차 허용 시간은 최대 2시간, 그러니까 동전 8개가 필요했다. 대학 구내를 두루 돌아보는 도중에 다시 와서 동전을 더 넣었다. 자동세탁기나 주차기 등 미국 여행 중에는 25센트짜리 동전의 위력이 대단함을 실감했다.

대학의 중심부인 하버드 야드Harvard Yard에 위치한 와이드너 도서관Widener Library은 대학 내 가장 큰 규모로서 1912년 타이타닉호 침몰로 숨진 아들 와이드너를 기리기 위해 어머니가 기부해 지은 도서관인데, 다른 단체 관광객들과 마찬가지로 안에는 들어가 보지 못하고 건물 밖에서 그저 사진만 찍는 데 만족해야만 했다. 자연사박물관, 그리고 공과대학과 법과대학 건물 등도 지나면서 훑어보았다. 건물 밖에는 화장실 시설이 전혀 없으므로 구내의 한 호텔을 이용하기도 하였는데, 여직원의 상냥한 태도가 눈에 선하다.

하버드대학 광장에는 정신 나간 사람도 있었고, 거지도 있었고, 아주 말끔하고 멋진 사람도 있었고, 똑똑하고 당찬 사람도 있었다. 여러 종류의 사람들이 오고가는 곳이었는데 놀랍게도 난 한국말로 무언가 계속 지껄이는("나, 죽여? 죽여 버릴 거야!" 이런 소리들) 여자를 보았는데 꽤 많이 정신이 나간 듯 보였다. 얼마나 놀라운 일인가, 미국, 세계적인 대학, 미국의 대통령을 8명이나 배출했다고 자랑하는 세계의 두뇌들이 모이는 하버드대학 광장, 이곳에서 정신 나간 한국 여자를 만나다니. 아, 이런 기분을 무엇이라고 해야 할까?!

또한 그 곳에서 아주 말끔하게 차려입은 한국 여자와 남자 둘을 보았는데 거리에 서서 담배를 피우고 재를 아무 곳에나 탁탁 털고 아무렇지도 않은 듯 한국말로 대화를 하며 서 있는 모습을 보았다. 더는 그 곳에 머무르고 싶은 생각이 없어졌다.

화가 나는 것도 아니고, 짜증나는 것도 아니고, 속상한 것도 아니고, 한국인인 내가 부끄럽거나 이런 것도 아닌, 그냥 아무것도 생각나는 것이 없고 눈에 보이는 나와 같은 언어를 쓰는 사람들의 못난 모습만 보이는, 그런 상태로 몇

하버드대학 안내소

분 멍하게 그 거리에 서 있었다.

하버드대학 광장에서 느낀 이 부끄러움은 실상 그 이전에 이미 있었다. 대학 구경 전에 점심을 먹기 위해 한국 식당을 찾았을 때, 그때 난, 내가 한국 사람인 것이 부끄럽다는 생각을 했다. 한국 사람들이 몇몇 보이는 그리고 한국어로 식당 이름들이 쓰여 있고 한국 택배회사 이름도 보이고, 이런 곳이면 분명 한국 사람들이 여럿 모여 사는 곳일 터인데, 동네는 지저분하기 이를 데 없었고

복잡하기 또한 이를 데 없었다. 마치 슬럼가Slum처럼 말이다. 거기다 음식을 다 먹고 나니, 음식값은 현금으로만 달라 하고 거기다 팁도 달란다. 이런 상황을 어떻게 해석해야 하나. 현금을 달라는 건, 남의 나라에서 장사를 하면서 그 나라에 정당하게 내야 할 세금을 안 내겠다는 고약한 심보일 터이고, 팁을 달라는 건 그 나라의 사회적 문화를 그대로 받아들이겠다는 거고, 거기다 화장실은 얼마나 더럽던지.

예전에 호주와 뉴질랜드로 여행을 갔었다가 느꼈던 한국 식당들의 현금만 받는 행태를 미국서도 확인하고 나서 나는 이민자들의 영업태도에 대한 인식을 다시금 해보게 되었다. 물론 많은 이민자들이 다들 그리 사는 건 절대 아니다. 다만 몇 사람들이 많은 이민자들의 얼굴을 부끄럽게 만든다는 것이다. 미국 여행을 하면서 겨우 열흘 남짓 넘어 나는 내가 '한국 사람이에요' 이러 하고픈 마음이 없어졌다. 나는 늘 내가 한국 사람인 것이 자랑스러웠는데 오늘은 기분이 참 별로다.

보스턴 미술관Museum of Fine Arts은 원래 이름대로라면 '미술 박물관'이라 해야 할 터인데, 여하튼 뉴욕의 메트로폴리탄 미술관과 더불어 미국 내 쌍벽을 이루는 손꼽히는 미술관이라 한다. 어지간히 큰 규모라서 이것저것 돌아보기에는 시간이 너무 부족하여 미국의 예술 쪽을 중심으로 살짝 둘러보았다. 가장 맘에 든 곳은 오히려 레스토랑이었다. 대리석으로 둘러싸인 아주 널찍한 중앙 장소인 데다가 깔끔한 식탁, 친절한 웨이터들이 인상 깊었다.

보스턴 미술관 입구의 조각 구조물

오늘 보스턴 관광은 처음부터 도심지의 교통 복잡함도 별루고 주변 환경도 별루고, 특히 하버드광장에서의 실망감이 앞서서인지 다 망쳤다는 기분이 들었다. 그래서 숙소에 들어와 괜히 남편에게 이것저것 투정을 부렸다.

아이고, 가여운 내 남편, 평생 열심히 노력하여 번 돈으로 마누라 미국 여행 시켜주고 있는데 이런 투정, 저런 투정 다 받고 다녀야 하니 울 서방님도 고생이 말이 아니다. 부부가 뭔데 이런 투정을 다 받고 참고 살아야 하나….

오늘은 여러 가지로 생각이 복잡하다.

아침 30달러, 점심 30달러, 저녁 60달러, 주유 20달러,
술 11달러(Boston맥주/Samuel Adams), 주차 4달러

6월 4일(목): 숙소에서 쉬다 🚗

보스턴은 미국 역사적으로도 중요한 도시인 만큼 중심지의 이곳저곳 유적지와 건물들을 돌아보는 일명 프리덤 트레일 freedom trail을 하면 좋다고 한다. 그러나 오늘 우리는 다 포기하고 숙소에서 쉬기로 했다. 짧게 핑계를 내어 놓자면 도심 주차가 어렵다는 것이었다. 주차 편의를 위해 도심과 떨어진 교외에 숙소를 구한 탓에 보스턴 중심지까지 이동하는 데 걸리는 시간도 약간의 걸림돌이 되었다. 이런저런 이유들에 갇혀 보스턴을 제대로 살펴볼 기회를 날려버렸다.

보스턴으로 가기 위해 우리가 정한 숙소는 바다를 사이에 두고 보스턴을 마주보는 헐 Hull 만에 위치한 휴양지의 리조트다. 주말이나 하루 이틀 정도 쉴 겸해서 사람들이 즐겨 찾는 바닷가 휴양지로서, 숙박시설에 비해 휴양객 수가 많아서인지 숙소 여유가 많지 않은 듯했다. 주변은 복잡하거나 붐비지 않고, 긴 모래사장 그리고 대서양에서 떠오르는 해를 바라보는 일출 광경이 일품이

미국 동부 렌터카 여행 & 블루리지 파크웨이

대서양의 일출

다. 주변에 낚시를 즐길 만한 곳도 있어 우리처럼 보스턴을 보고자 한 것이 아
니고 휴식을 위한 것이면 충분히 좋을 곳이다.

그러나 주변에 이렇다 할 만한 쇼핑센터는 물론이고 간단한 먹거리를 살 슈
퍼마켓도 없다. 차로 15분 정도 나가면 겨우 작은 마트가 있긴 하나 필요한 것
들을 구하기에 그리 좋은 곳은 아니다. 이곳에선 휴식 외엔 별달리 시간을 보
낼 곳이 없다. 연일 계속되는 운전에 많이 걸어서 그런지 남편도 오늘은 숙소
에서 쉬고 싶다고 한다.

그래 쉬자. 푹 쉬자.

아침 23달러, 점심 21달러, 슈퍼 38달러(저녁)

뉴저지 주

6월 5일(금): 매사추세츠 주 난타스켓 비치 리조트 → 뉴저지 주 라웨이 🚗

다음 행선지는 뉴욕이었다. 뉴욕은 아예 처음부터 그 안에서 숙소를 구할 엄두조차 나지 않았다. 그래서 바로 아래쪽의 **뉴저지 주**에 있는 작은 도시 라웨이에 숙소를 정했다. 그런데 전 숙소인 난타스켓 비치 리조트에서 이곳 라웨이까지 장장 9시간 걸려 왔다. 정상적으로 운행했다면 아마도 5시간이면 충분했을 텐데….

출발할 때 남편은 조금 더 빨리 도착하고 싶은 마음에서 내비의 길 안내 중 '짧은 거리'를 선택했다. 웬걸, 잠시 고속도로를 통과한 뒤 계속 우리나라 국도에 해당되는 길을 안내해 주는 것이 아닌가? 이럴 때 재빨리 내비의 길 안내

뉴저지(New Jersey) 주: 정원의 주(Garden State)라고도 할 만큼 아름답고 세련된 곳이다. 주도는 트렌턴(Trenton)이고 1787년 미국의 3번째 주가 되었다. 뉴욕 시의 상징 아이콘인 자유의 여신상과 엘리스 섬(Ellis Island), 1892~1954년 사이 미국 이민자들이 입국심사를 받기 위해 통과해야 했던, 최초의 연방 이민국이 있었던 곳이 있다. www.state.nj.us

를 다시 정해야 하는데 국도변 길이 아주 좋은, 마치 드라이브하는 곳을 찾은 듯한 느낌을 주는 곳이라 그냥 따르다 보니 나중에는 목적지를 가기 위해 뉴욕 시내를 통과해야 되는 어처구니없는 결과를 얻게 되었다. 게다가 퇴근 시간까지 걸리고 보니 숙소까지 도착하는 데 장장 9시간이나 걸렸던 것이다.

둘 다 지쳐버렸다. 늦은 시간 도착하니 식당도 거의 문을 닫았고, 찾아 간다고 해도 편안하게 저녁을 즐길 여유로움이 없을 듯해서 마트에서 인스턴트식품을 사서 숙소에서 먹었다. 다행한 일은 이 숙소에서는 간단한 취사가 가능했다. 방이 미국 호텔 기준으로는 조금 작은 듯했으나 깔끔한 점도 맘에 들었다.

비록 운행 시간이 오래 걸려 힘들고 지치긴 했지만 오는 내내 기분은 좋았다. **메릿 파크웨이**를 통과하였는데 긴 시간 내내 푸른 초목들과 청정한 하늘이 여행의 묘미를 한층 돋구어주었다.

내비를 이용할 때는 목적지에 도착하는 시간을 잘 살펴서 가는 길을 선택하여 입력하여야 한다. 빠른 길이면 일찍 도착하게 되는지 착각하고 무조건 선택했다가는 오늘 우리와 같은 결과를 얻게 된다.

아침 21달러, 점심 14달러, 저녁(마트 등) 11달러, 술 30달러, 주유 29달러

6월 6일(토): 프린스턴대학교를 둘러보다 🚗

남편은 어제 종일 운전한 탓인지 피곤하다고 나갈 생각이 없는 듯한 태도를

....

메릿 파크웨이(Merritt Parkway): 코네티컷(Connecticut) 주에 있는 15번 도로의 일부로서 60km에 달하는 도로이다. 아주 잘 정비된 숲과 깨끗한 공기가 어우러진 멋진 길이다. 드라이브하기에 안성맞춤. 뉴욕 주로 연결된다. www.merrittparkway.org

보였다. 나도 조금 피곤해서 함께 오후 12시 50분까지 냅다 자버렸다. 일어나서 점심 먹고 나니 2시가 넘었다. 그 시간에 뉴욕으로 가기도 그렇고 인근 주변을 살펴보자고 해서 아이비리그에 속한 명문 프린스턴대학교로 갔다.

가는 데 꼬박 1시간가량 걸렸다. 이 대학 역시 별도의 정문도 없고 해서 도로를 따라 들어가다가 교내 주차장에 차를 세웠다. 바로 옆에 기차 정거장이 있고, 작은 슈퍼마켓 시설도 있는 곳이었다. 그런데 며칠 전까지만 하더라도 준비해 간 우의를 걸쳐야 찬 기운을 피할 정도였는데, 오늘은 완전히 땡볕이었다. 슈퍼마켓에서 찬 음료를 사 마시고 그늘에서 잠시 쉬었다. 주변은 학교라기보다는 전원마을 같았다. 오가는 사람들도 거의 없어 한적했다. 걸어다니며 돌아보기에는 너무 넓어서 차를 몰고 이곳저곳을 돌다가 잔디가 잘 깔리고 수목들이 예쁘장하게 늘어서 있으며 2층집들이 여기저기 모여 있는 곳으로 들어갔다. 학교 사택이거나 교직원 주택단지와 같은 곳인 듯했다. 아담하고 조용해서 좋았다. 학교 주변의 일반 주택가 역시 그러했다.

교내 건물들을 좀 더 둘러볼까 하다가 도서관을 비롯해 건물 안으로는 들어갈 수 없을 테고, 남편도 나도 어제 지친 영향으로 인해 그냥 다시 숙소로 돌아왔다.

저녁 식사는 숙소 인근의 레스토랑에서 간단히 하고 푹 쉬었다.

점심 10달러, 저녁 30달러, 주유 29달러

6월 7일(일): 뉴욕 시 관광 🚗

숙소인 뉴저지 주의 라웨이Rahway에서 뉴욕 중심가로 가는 방법은 두 가지이다. 하나는 가까운 역까지 차를 몰고 가서 주차한 후 기차를 타고 뉴욕 맨해튼의 펜 역 Penn Station, Pensylvania Station이라고도 함까지 가는 방법이고, 다른 하나는 스태튼 섬 Staten Island의 북단에 위치한 선착장에 주차를 하고 **무료 페리**를 타고 **맨해튼**으로 가는 방법이다. 이 중 우리는 두 번째 방법을 택했다.

일요일이라 스태튼 섬 선착장의 주차 요금은 무료였다. 무료인 줄 모르고 계속 주차요금을 내기 위해 기계 앞에서 어리어리하고 있는데 마침 같이 헤매던 미국 아주머니가 페리 선착장 직원에게 물어보았더니 일요일은 무료라고 했다. 그래서 주차요금 팻말을 다시 보았더니, 오머나 '일요일 주차요금 무료'라고 버젓이 써 있는 것이 아닌가. 한국 사람인 남편을 포함 외국 사람 도합 셋이 그 기계 앞에서 한참을 어리어리하였는데 요금 바로 아래 써져 있는 글을 읽지 못했다니, 다들 덤벙덤벙.

페리 선착장은 조금 어수선했다. 거지도 있었고 약간 정신이 돈 사람도 있었다. 하, 왜 이리 가여운 사람들이 눈에 자꾸 뜨일까?

30분가량 배를 타고 가면서 자유의 여신상을 보았다. 비록 가까이서 보지 않았지만 충분히 그 느낌을 받을 수 있었다.

뉴욕 시내를 둘러보는 투어버스로는 빅버스 Big Bus를 이용했다. 버스를 타고 타운 전체를 2번 돌았다. 1번은 어리어리, 2번째는 이것저것 챙겨 가며 보았

무료 페리(Ferry): 뉴욕 만 입구 서쪽에 있는 섬인 스태튼(Staten Island)에서 뉴욕 맨해튼까지 운행되는 무료 통근 선박이다. 배를 타고 가는 도중 자유의 여신상과 엘리스 섬을 볼 수 있고, 가까워지고 멀어지는 맨해튼의 경관을 바라볼 수 있어 매우 매력적이다. www.siferry.com

맨해튼(Manhattan): 뉴욕 시의 중심지. 이곳을 종종 뉴욕 시와 동일 개념으로 인지하기도 하지만 실상은 뉴욕 시의 5개 자치구역(맨해튼, 브루클린, 퀸스, 브롱크스, 스태튼 섬(예전에는 리치먼드 관할이었음) 중 하나이다. 세계에서 가장 유명한, 뮤지컬 역사의 현장이라고 할 수 있는 브로드웨이(Broadway) 거리, 세계적으로 유명한 금융기관이 들어서 있는 월 스트리트(Wall Street) 거리가 있다. 세계 최고의 금융, 산업, 문화의 중심지라 할 수 있는 곳으로 뉴욕 시의 과거와 현재를 고스란히 간직한, 그대로 보여주는 곳이라고도 할 수 있다. 다양한 형태의 볼거리들이 즐비하다. www.iloveny.com(뉴욕 주 관광청)

자유의 여신상

는데 한국어 안내 방송이 있어 도시를 이해하는 데 많은 도움을 받았다.

뉴욕, 고층건물은 많으나 어수선해서 별로 정감이 가는 도시는 아니었다. 지저분한 곳은 더럽다는 생각을 놓지 않게 하였고 여러 인종이 한꺼번에 모여 있는 곳이라 번잡하기 그지없다. 나는 그런 도시는 별루다. 원래 시골에서 나서 시골에서 살아왔던 탓인지 도심의 번잡함을 전혀 이해하지 못한다.

여러 곳을 두루 살피기 위해 빅버스를 탔는데 그 버스와 관련한 일에 종사하는 사람들이 열심히 살고 있다는 생각이 들었다. 식사도 시간 때문인지 거리에서 선 채 하는 모습을 보고 마음이 아팠다. 사람 사는 모습 어디나 다 마찬가지인데 자신의 삶에 최선을 다하는 그 모습이 좋아 보였다. 빅버스 종업원인 나이 많은 흑인 할아버지가 정류장에 서서 빵을 먹고 있다가 빅버스가 앞 버스에 가려 우리를 보지 못하고 그냥 지나치려 하니까 위험한 도로에 달려나가 빅버스를 세워 우리가 탈 수 있도록 도와주었다. 순간, 솔직히, 눈물이 나려고 했다. 자신의 목숨보다 귀한 게 무엇일까?

뉴욕의 번화가

　타고 나서 그 사람에게 팁이라도 주고 올라탈걸 하는 생각이 들었으나 이미
차는 출발했고 마음은 거대한 빌딩 사이의 번잡한 뉴욕, 맨해튼을 오가는 사
람들의 모습을 바라보며 슬픔에 잠겼다. 그리고 생각했다. 나는 내 삶에 대하
여 절대로, 그 어떤 불평도 하면 안 된다···. 공부할 수 있었고, 밥 먹고 사는 걱
정 없었고, 좋은 남편을 만나 늦은 나이에 이렇게 해외여행도 다닐 수 있고···.
가끔씩 내게 존재했던 내 삶 속의 투정과 불평을 이제는 거두어야 한다는 결
심을 굳게 다지는 계기가 되었다.

　슬픔에 마음을 내려놓아야 하는 사람들이 없는 세상이었으면 좋겠다. 오늘
우리 부부를 위해 찻길을 막고 빅버스를 세워 준 연세 많은 흑인 분께 감사의
인사를 드린다. 그늘에서 일하는 모든 사람들에게 희망과 기쁨이 늘 함께하였
으면 좋겠다.

　둘러본 중에서 가장 맘에 들었던 곳은 뉴욕공립도서관New York Public Library이
었다. 웅장한 3층 대리석 건물이고, 겉모습은 물론 내부 역시 훌륭했다. 곳곳

에 공립도서관이 자리하고 있는 사실이 바로 미국의 힘을 지탱하는 듯했다.

　뉴욕 외곽까지 돌 수 있는 표를 끊었으나 시간상 도심만 돌고 돌아왔다. 맨해튼 시내에서는 자동차를 이용한 이동이 용이치 않을 것 같아 숙소 가까운 곳에 뉴저지와 맨해튼을 무료로 오가는 페리를 이용하기로 했는데 페리 운행 시간에 맞추어 돌아와야 하는 문제로 하여 도심 외곽은 돌아보지 못하고 일찍 숙소로 왔다.

　이는 남편이 페리가 돌아오는 시간을 정확히 확인해 두지 않은 탓이기도 하다. 신경질을 낼까 하다가 뉴욕 시를 돌면서 남편에게 느꼈던 고마운 마음과 우리 부부를 위해 애를 써준 흑인 할아버지의 노력하며 사는 모습 등을 생각하고 일찍 숙소로 돌아오는 길을 기쁜 맘으로 인정했다. 예전 같으면 돌아오는 시간을 왜 제대로 확인하지 않았냐고 남편에게 잔소리를 늘어놓았을 터인데 말이다.

　숙소에서 저녁을 간단히 해 먹고 쉬었다.

　　　　점심 29달러, 저녁 20달러, 잡비 4달러, 주유 30달러, 시티관광 98달러(외곽까지 끊었음)

메릴랜드 주

6월 8일(월): 뉴저지 주 라웨이 → 메릴랜드 주 워싱턴 DC 교외 🚗

뉴욕을 관광하기 위해 묵었던 뉴저지 주의 라웨이에서 펜실베이니아 주, 그리고 메릴랜드 주의 볼티모어Baltimore를 거쳐 메릴랜드대학 부근 숙소까지 약 200마일322km 가까운 거리를 4시간 정도 걸려서 왔다.

중간에 휴게소에서 점심을 먹고 커피도 마시고 아이스크림도 먹고 놀며 쉬며 미국의 고속도로를 즐겼다. 메릴랜드 주에 들어서니 또 다시 모양이 다른 형태의 휴게소가 나타났다. 우리나라 고속도로 휴게소와 비슷한데 깨끗하고 넓은 공간이 맘에 들었다. 아기자기하고 멋진 느낌은 적으나 반듯하고 튼튼한 건물이 안팎으로 잘 정돈되었고 청결함은 부러울 정도였다.

오는 도중, 남편이 피곤하다고 해서 내가 20분가량 운전했는데, 지금까지 보아왔던 휴게소와는 다른, 즉 운전자를 기준으로 오른쪽으로 진입해 들어가는 것이 아니라 왼쪽 편으로 들어가는 형태의 휴게소에 적응을 하지 못해서 결국 엉뚱한 Exit를 통해 나가게 되었다. 그래서 남편이 다시 운전대를 잡는

다소 번잡한 소동이 벌어졌다.

어찌되었거나 오른쪽으로 들어가는 형태의 휴게소에 길들여진 나에게 왼쪽으로 들어가도록 되어 있는 곳은 적응하기 힘들었다. 미국의 고속도로는 우리나라 도로보다 폭이 넓고 마주 오는 방향의 차들과 직접 맞닥뜨리지 않도록 되어 있어 운전하기 편한 건 사실이나 다니는 차량이 적지 않을뿐더러 특히 우리나라에서는 자주 볼 수 없는 거대한 트럭들이 빈번히 달리는 터라 차선을 바꾸어 왼쪽 선으로 들어가는 일은 결코 쉽지 않았다. 조금 귀찮고, 돌아서 들어가야 하는 것이긴 해도 오른쪽으로 들어갔다 나올 수 있는 Exit가 나에게는 편했다. 아니, 편한 것이 아니고 그쪽만 이용할 수 있는 능력밖엔 없다.

나의 운전 실력이 참으로 한심하다는 것을 깨닫고 남편에게 좀 미안한 마음이 들었다.

숙소는 메릴랜드대학 인근 도로변에 있었는데 유학 온 학생들의 부모나 친지들이 방문차 들러 많이들 묵고 간다고 하는데 우리처럼 워싱턴 DC를 관광하기 위해 이용하는 이들도 적잖은 듯했다. 숙소에서 지척인 곳에 한국 식당이 있어 오래간만에 지글지글 불고기를 야채와 함께 맛있게 먹었다. 마침 여종업원아르바이트이 한국인 부모를 둔, 메릴랜드대학 재학 중인 여학생이었다. 방학 중이라 학생들이 많지 않고, 식당에서 아르바이트로 일하는 유학생들이 더러 있다 한다.

조금 길을 헤매다 와서 그런지 숙소에 들어오자마자 남편은 졸립다고 잠부터 자겠다고 한다. 어제 오늘 나는 부처가 되었다.

지금 남편은 자고 나는 이 글을 쓰고 있다. 깨워야겠다. 배고프다.

점심 18달러, 집비 5달러, 저녁 61달러

미국 동부 렌터카 여행 & 블루리지 파크웨이

6월 9일(화): 워싱턴 DC 관광하다 🚗

워싱턴 DC로 나갔다. 아침 10시 30분경인데 주차할 곳이 없었다. 거리주차가 가능하다는 정보를 입수하였기에 거리주차에 나섰으나 벌써 다들 자리를 차지하고 있어서 우리 자리는 없었다. 미국은 거리주차가 허용되는 곳이 많은 편이다. 그러나 허용하는 시간대라든가 최대 주차 시간 등 제한적인 요소가 많아서 정확히 살펴보고 이용하는 것이 좋다.

이리저리 돌다 링컨 기념관과 워싱턴 기념탑 등이 몰려 있는 국립 몰과 추모공원National Mall and Memorial Parks 남쪽의 호숫가 주차장을 발견하고 주차를 하였다. 도시의 왼쪽을 흐르는 거대한 강인 포토맥 강Potomac River에서 흘러 들어와 만든 타이들 호수Tidal Basin 가장자리였는데 맞은편에 제퍼슨 기념관Thomas Jefferson Memorial이 바라보이는 명당 자리였다. 포토맥 강 너머 국방부 건물The Pentagon 있는 쪽 강변 주차장은 엄청나게 넓었지만 거기 주차하게 되면 다리를 건너 오갈 일이 귀찮게 느껴졌다. 그에 비하면 이곳 주차장은 몇 대밖에 주차할 수 없는, 폭이 좁고 깨알 같은 존재에 불과하지만 도심을 두루 걸어다니며 관광하기에는 더할 나위 없이 좋은 자리였다. 주차는 3시간 허용되는 곳이었는데 3시간 40분쯤 지난 뒤 갔었는데 다행히 그때까지 별다른 규제가 없었다. 그러나 마냥 오래 세워 둔다면 견인될 수도 있을 법했다. 주차 자

워싱턴 DC(Washington DC): 메릴랜드 주와 버지니아 주 사이에 위치하는데 이들 중 어느 주에도 속하지 않은 특별 자치구로서 미국의 행정수도이다. Washington DC는 Washington, District of Columbia(워싱턴 콜롬비아 특별자치구)의 약칭이다. 국제정치와 외교의 중심지며 웅장한 기념물, 수많은 박물관 등 다양한 형태의 예술적 가치가 부여된 볼거리들이 있다. 특히 세계적 관심사인 백악관은 물론 많은 공공기관들의 건축양식이 고전적인 것들이 많아 그것들을 바라보는 것만으로도 충분히 오감이 만족된다. www.washington.org(워싱턴 DC 홈페이지), www.dcvisit.com(워싱턴 DC 여행안내), www.capitalregionusa.org/kr(워싱턴 DC, 버지니아 주, 메릴랜드 주의 관광 안내. 한국어 지원)

워싱턴 DC, 스미스소니언 박물관

리를 못 구해 맴도는 차들이 적잖으니 말이다.

우린 스미스소니언 박물관Smithsonian Institution이 있는 **더 몰** 지역을 중심으로
걸어 다니면서 이곳저곳 둘러보고 들어가 보았다. 특히 국립자연사박물관Na-
tional Museum of Natural History과 국립항공우주박물관National Air & Space Museum을 아
주 흥미 있게 보았다. 오늘 본 것으로만 말하자면 워싱턴 DC는 박물관의 도
시인 듯했다.

지금까지 미국의 도시들 여행을 하면서 별다른 느낌을 가져보지 못하였는
데 오늘 워싱턴 DC는 미국이 왜 미국인지 확연히 보여 주는 곳이어서 기분도
그렇고 여행지의 흥분도 느껴볼 수 있어 좋았다. 거대한 자유의 무게, 지적 에

더 몰(The Mall): 스미스소니언 박물관을 비롯해 국립항공우주박물관, 국립자연사박물관 등의 여러 박물
관들이 몰려 있는 곳으로서 링컨 기념관과 워싱턴 기념탑이 들어서 있는 National Mall and Memorial
Parks의 동쪽에 연이어 있다. 활짝 열려 있다고 표현해도 좋을 트인 공원에서 가족들이 함께 시간을 보내
기에 더없이 좋은 곳이다.

미국 동부 렌터카 여행 & 블루리지 파크웨이

너지가 양껏 느껴지는 도시였다.

오늘 난 웃지 못할 일을 하나, 이 도시에 남겨두게 되었다. 숙소에서 출발한 후, 주차를 못해 이리저리 돈 시간이 길었던 탓에, 소변이 몹시 마려웠다. 주차를 하고 급하게 화장실을 찾아보았으나 마땅한 곳이 없어서, 이리저리 허둥거리고 있던 참에, 사람들이 드나드는 한 건물을 발견했다. 아무나 들어가도 괜찮은 곳인 줄 알고 일단 들어갔다. 내가 원체 참을성이 없음을 잘 알고 있는 남편은 나의 허둥거림에 자신도 이성을 잠깐 내려놓고 동참을 했다.

오메, 인천국제공항 입국장 소지품 검사하는 것만큼 까다롭게 소지품을 모두 검사하고… 여권까지 제시하고 들어갈 수 있는 미국 농무부United States Department of Agriculture였던 것이다.

무엇 때문에 왔냐고 묻는 말에, 어설프고 서툰 영어 실력으로 화장실 좀 이용할 수 있냐고 했더니, 안내하는 흑인 여성이 그곳엔 공중화장실이 없다고 했다. 그리고는 작고 가무잡잡한 동양 여성이 오죽 급했으면 이리 들어왔을까 싶었는지 여권을 확인한 후 방문객 패스를 주는 것이 아닌가. 직원들이 쓰는 화장실을 이용하라고 화장실 있는 쪽을 알려주었다.

권총을 찬 경비원을 바로 곁에 두고 화장실에 들어갔다.

아, 지금 생각하면 부끄럽기 그지없는 일이었다.

돌아오는 길에 여유를 갖고 살펴보니, 바로 그 이웃하여 화장실을 이용할 곳이 여럿 있었다. 마음이 급하면 아무것도 보이지 않는다는 거, 오늘 새삼 느끼고 또 느꼈다.

여행을 하다 보면 새롭고 낯선 곳에서 인간이 가질 수 있는 생리현상을 해결할 방법을 몰라 힘들어질 때가 있다. 당황하지 않고 주변을 여유롭게 살펴보는 일도 여행 준비물 챙기듯 마음 한켠 챙겨 두는 것이 좋을 듯하다.

오늘 나에게 깊은 호의를 베풀어준 미국인, 이름조차 모르는 그분께 감사의 인사를 전하고 싶다. 화장실 이용하고 곧바로 Exit라고 쓰인 곳을 통과하는데 살며시 웃어 준 경비하는 분께도 감사의 인사를 전하고 싶다.

여행을 하다보면 이러저러 여러 사람들에게 도움을 받게 된다. 세상은 참 좋은 곳이 분명하다.

점심 26달러, 저녁 33달러, 잡비 10달러, 주유 20달러

6월 10일(수): 워싱턴 DC 관광 이틀째 🚐

오늘 다시 워싱턴 DC 시내로 나갔다. 어제로 충분하지 않았다 생각해서 나갔는데 주차 때문에 또 고생을 했다. 어제 주차했던 곳을 어렵게 찾아갔으나 빈 공간이 없었다. 두 번 빙빙 돌았으나 나가는 차가 없어서 할 수 없이 제퍼슨 기념관이 있는 방향의 포토맥 강변 쪽 주차장에 주차를 했다. 도심까지 걸어가기엔 조금 멀었으나 시간에 구애 받지 않고 하루 종일 여유 있게 주차할 수 있는 곳이었다.

주차를 하고 나서 우선 제퍼슨 기념관Thomas Jefferson Memorial으로 걸어갔다. 미국 독립선언문의 기초를 마련했고, 3대 대통령을 역임했던, 미국 건국의 아버지라 불리는 토머스 제퍼슨을 기리기 위한 기념관이다. 멀리서 보았을 땐 대단히 예쁘고 멋져 보였는데 막상 가보니 동상 하나만 덩그러니 서 있고 사방 벽에 제퍼슨의 어록만 새겨 놓아서 조금 실망스러웠다. 새겨진 문구들을 찬찬히 읽으면서 역사를 느끼라는 뜻인가 보다.

약간의 실망감을 안고 다시 걸어서 링컨 기념관Lincoln Memorial으로 갔다. 걷기엔 조금 먼 길이었으나 그렇다고 꾀를 부려 거리를 짧게 할 수는 없는 일 아

닌가. 다행히 우거진 나무들과 **포토맥 강** 강변의 선선함이 가는 길을 즐겁게 해주었다.

링컨 기념관은 미국의 16대 대통령 에이브러햄 링컨을 기리기 위한 곳인데, 의자에 앉아 있는 모습이 중앙에 조각되어 있고 벽면에는 연설문들이 새겨져 있다. 이곳은 다른 한편으로 마틴 루터 킹 목사가 맞은편의 워싱턴 기념탑이 바라보이는 널따란 계단에 서서 연설을 한 곳으로도 유명하다. 대리석 계단 한 군데에 연설 문구 'I HAVE A DREAM'을 새겨 놓았다.

그런데 그곳엔 너무도 많은 사람들이 오고 가는 바람에 약간 정신이 없을 정도로 복잡했다. 특히 단체 관광객들이 많았다. 바로 곁 간이레스토랑에서 햄버거로 간단히 점심부터 에우고 천천히 기념관을 돌아보았다.

생리현상을 어찌하겠는가. 화장실을 찾았는데 단체 관광객들 때문인지 워낙 관광객이 많아서 그런지 기념관 두 곳 다 화장실이 몹시 지저분했다. 미국의 여느 곳 화장실과 많이 다른 모습이었다. 냄새도 심했다.

쉼 없이 드나드는 사람들, 그 뒤를 청결로 감당할 여유가 어찌 쉽겠는가? 청소를 하는 일도 문제겠으나 사용하는 관광객들도 문제다 싶었다. 한 사람 한 사람이 자신의 집안을 생각하면서 공공장소를 이용한다면 그렇게 지저분하고 냄새나는 일은 없을 것 같다는 생각이 들었다.

여행자는 여행지의 질서와 법, 그리고 그곳의 일상적 생활의 규칙을 지켜주는 것이 자신의 오감을 즐기는 것만큼이나 중요한 것이 아닐까…, 잠시 생각해 보았다.

포토맥 강(Potomac River): 경관이 아름답기로도 유명한, 미국 전체에서 21번째로 큰 강이다. 이 강 주변에 워싱턴 DC와 리치먼드가 있고, 남북전쟁 당시 동부 쪽 전쟁은 대부분 이 강을 중심으로 벌어졌다.

워싱턴 DC, 링컨 기념관

　너무 많이 걸은 탓에 일찍 숙소로 돌아가기로 했다. 내일 또 새로운 도시로 떠나야 하는 일도 있고 해서다. 그러나 숙소로 곧장 가기엔 조금 이른 듯하여 신호를 위반하지 않고 속도를 내지 않고, 직진, 직진, 직진을 하며 워싱턴 시내를 거의 차로 쭉쭉쭉 돌아보았다. 국회도서관도 둘러보려 했으나 주차장에 빈자리가 없어 빙빙 돌다가 되돌아왔다.

　시카고와 뉴욕, 보스턴 등등 지금까지 돌아본 도시들보다 깨끗하고 정돈이 잘 된 듯싶었다. 걸어 다니는 사람들의 걸음에 목적이 있어 보여 좋았다.

　지금까지 미국 여행을 하면서 미국 도시의 복잡함에 몹시 실망을 했던 터인데 이 도시는 복잡함이 오히려 생기로, 힘으로, 활력으로 보였다.

　미국의 주차는 한국보다 복잡하다. 거리주차가 자유로운 반면에 그것에 대한 규칙은 몹시 까다롭다. 특히 관광지나 도심지의 경우는 그 해당지의 주차 규칙을 모르고서는 자동차를 어디에 어떻게 얼마동안 세워 놓아야 하는지 한참을 살펴보아야 그 규칙을 따라 할 수 있다. 어쩌면 우리가 늙어서? 빠르게

링컨 기념관을 등지고 본 전경

습득을 못하는 탓도 있겠다 싶다.

  워싱턴 시내 도심과 더 몰 등에서의 주차는 거리주차가 가능하지만 그것을 이용하기란 정말 어렵다. 사람들이 모여들기 전, 이른 시간이나 슬슬 빠져나가는 오후 시간대라면 모를까 오전 10시부터 오후 2~3시까지 거리주차를 이용할 수 있는 운은 로또 복권에 당첨되는 것만치 어렵다는 생각이 든다. 주차 문제를 신경 쓰지 않고 조금 편하게 관광을 하려면 시티투어 관광버스를 이용하는 것도 편할 듯하다.

점심 17달러, 저녁 39달러, 잡비 2달러, 선물 37달러

버지니아 주

6월 11일(목): 워싱턴 DC 관광 후 버지니아 주 리치먼드로 🚗

아침 먹고 다시 시내로 나갔다. 다음 도착지인 **리치먼드**까지는 2시간 30분 정도밖에 걸리지 않기에 못 본 곳을 오전에 더 보고 오후에 행선지로 가기로 했다. 마침 링컨 기념관에서 기념품 살 것도 있고 해서 그러했는데, 덕분에 어제 보려다가 못 본 한국전쟁 참전용사 기념관을 보았다.

이데올로기로 인한 전쟁이었던가? 한국의 6. 25가.

남의 나라에서 그 젊은 청춘들이 전쟁이라는 이름 아래 귀하고 귀한 목숨을 잃었다니 이름도 얼굴도 알지 못하고 내 나라 전쟁에서 값진 목숨을 내어놓은 사람들에게 미안하고 또 미안해서 눈물이 났다. 웬만해선 눈물이 없는 나인데

리치먼드(Richmond): 버지니아 주의 주도이다. 미국 독립전쟁 중 애국투사 패트릭 헨리가, '자유가 아니면 죽음을 달라'는 유명한 연설을 한 곳이기도 하다. 남북전쟁 동안은 남부 연방의 수도였으며, 친절하고 인심 넉넉한 남부의 전통이 살아 있는 도시라고 할 수 있다. 미국의 역사를 이해하기에 좋은 곳이다. www.visitrichmondva.com(리치먼드 관광부)

워싱턴 DC, 한국전쟁 참전용사 기념 조각

오늘 난 울었다. 가슴이 미어지도록 아파 눈물이 났다.

…

오늘 워싱턴 DC 시내 탐방 3일째 드디어 남편은 거리주차에 성공했다. 남편의 운전면허 경력은 35년이고 실 운전 경력은 23년째이다. 그동안 단 한 번도 남에게 불편을 주거나 피해를 주는 사고를 내지 않았고 다른 사람에게 사고를 당하는 일도 없었다.* 그 정도로 운전에 대하여는 최고의 실력을 갖춘 남편의 주차 실력은, 주차공간이 넓게 확보되지 않은 좁고 작은 틈새라도 거뜬히 콕콕콕 넣어 둘 줄 아는, 내가 인정하는 몇 가지 능력 중의 하나인데, 미국

---

* 여기에서 빼놓으면 안 될 정보가 있다. 사실, 남편의 운전 실력은 과히 좋다기보다는 소심한 성격이 실력을 감싸주고 있다고 보면 된다. 과속 안 하고, 신호 잘 지키고, 특히 앞차와의 간격 지킴은 필수이고, 주차를 할 때는 들락날락 빼고 들이고, 옆 차와의 문짝 간격까지 계산해서, 다른 사람이 1분에 주차를 한다면 남편은 족히 3분은 걸린다. 이런 모양이 규칙을 잘 지킨다는 면에서는 좋아 보일 수 있지만 곁에서 시간을 챙기는 입장에서 보면, 때론 속에 천불이 날 때도 있다. 특히 장거리 운행을 할 때는 휴게소마다 들러 쉬고, 또 쉬고 보통 3시간이면 될 거리를 남편은 적어도 4시간은 걸려 도착한다.

의 도심 거리주차는 빈자리를 찾기도 어렵지만 익숙지 않은 형태의 주차 조건 때문인지 막상 빈 공간이 눈에 뜨여도 한 바퀴 돌다 다른 사람에게 넘겨줘야 하는 일이 여러 번 생겼다. 이쯤에서 나는 지금까지 신뢰했던 남편의 주차 실력을 의심할 수밖에 없는 지경에 거의 도달해서, 짜증을 담은 잔소리를 내어 놓을 때가 되었는데, 오늘, 드디어, 남편은, 자신의 운전 경력과 주차 실력을 믿어 의심치 않아도 될 만큼의 실력을 나에게 당당히 보여줬다. 빈자리를 보는 동시에 매의 눈으로 오직 그곳만을 향하여 전진한 후 차 꽁무니부터 들이 대면서 영역확보를 했던 것이다. 놀라운 일이었다. 경륜과 경험이라는 것이 이런 것인가 보다. 거리주차를 위해 3일을 헤맨 경험이 눈부시게 빛을 발한 오늘을 미국 여행의 최대 기쁨으로 남겨두고자 한다.

워싱턴 DC를 출발해서 다음 숙소인 리치먼드가 있는 **버지니아 주**에 진입하여 방문객센터에 들렀다. 버지니아 주 방문객센터는 깨끗하게 잘 정돈되어 있었고 직원들도 친절했다. 미국은 어느 곳이나 방문객센터에 근무하는 직원들은 덧없는 질문에도 친절하고 자세하게 설명을 잘 해준다.

오늘 이곳에서 우린 미국의, 버지니아 주에 사는 인심 후하고 멋지게 생긴 할아버지 한 분을 만났다. 그분은 우리 부부가 동양계 여행객임을 알고 사진을 찍어 주겠다고 하셨다. 얼씨구나 싶어서 무조건 찍어 달라고 했다. 모처럼 둘이 함께 사진 속에 들어갈 행운을 얻게 되었다. 사실 할아버지께서 우리에게 사진을 찍어 주겠다고 오셨을 땐 그분이 어디에 계셨는지 몰랐다. 사진을

버지니아(Virginia) 주: 주도는 리치먼드. 역대 미국 대통령을 8명이나 배출한, 미국의 옛 역사가 이곳에서 시작되었다고 할 수 있을 만치 중요한 지역이다. 이 주의 역사에서 독립전쟁과 남북전쟁이 빠질 수 없음은 물론이고, 대서양 연안의 드넓은 해변과 애팔래치아 산맥, 셰년도어 계곡, 블루리지 파크웨이의 빼어난 자연풍광은 이 주가 지닌 역사만큼이나 다채롭고, 신비하다. www.virginia.org

버지니아 주 방문객센터 표지판

찍고 나서 고맙다는 인사를 하고 헤어졌는데, 방문객센터에서 한참 이것저것 살펴보고 나오다가 우린, 웃음 가득 찬 얼굴로 여행지에서 일어날 수 있는 행복한 기쁨을 또 한 번 더 맛볼 수 있었다.

우리에게 사진을 찍어 주셨던 그분이 커다란 미국식 자동차에서 쿨쿨 주무시고 계신 게 아닌가. 그분은 그곳에서 잠시 쉬려던(피곤하셔서 잠깐 눈을 붙이시려 했었던 듯하다) 차에 우리를 보고 사진을 찍어 주시겠다고 차에서 내려오셨던 것이다. 그리고는 곧바로 다시 차로 가셔서 쿨쿨쿨…. 깨우기가 미안해서 마음속으로 감사 인사를 전했다. 우리를 기억도 못하시겠지만 우린 미국 여행을 생각할 때 그분의 친절함을 언제고 기억해 낼 것이다.

리치먼드 인근 숙소에 도착했다. 처음 열쇠를 받은 방이 1층이고 냄새가 심해서 바꾸어 달랬더니 3층 끝 방을 주었다. 그 방은 욕실 청소가 너무도 엉망으로 되어 있고 냄새 또한 심했다. 미안했지만 또 다시 방을 바꾸어 줄 것을 부탁했다.

안내 직원의 굳은 표정은 당연했다. 그래도 바로 방을 바꾸어 주었다. 고맙다 미안하다 잘 되지도 않는 영어 실력으로 몇 번을 강조하여 고마움을 표현했던지. 참 나 원. 내가 잘못한 건 아무것도 없고, 내 돈 내고 내가 빌린 공간이 깨끗하길 원한 건 당연한 것인데 왜 난 그리 미안해하고 고마워했는지.

3번째 방도 여전히 냄새는 심했고 욕실 청소도 그리 잘 된 건 아니었다.

가져간 소독 티슈로 내가 3일 동안 써야 할 곳이기에 대충 청소를 하였다.

이게 내 병이라고 가족들은 말한다. 그래도 남편은 군소리 없다. 남편에게 미안해서 숙소 내 냄새는 참기로 했다. 어느 곳, 여행을 가거나 하면 남편은 내 눈치를 본다. 종종 방을 바꾸어 달라고 하는 나에게 절대 불평하지 않는다. 다만 표정은 딱딱 굳는다.

이런 나의 태도에 대하여 참고 지내기를 원하던 남편도 이제는 조금 변했다. 때론 '잘했다'는 칭찬도 해주곤 한다.

이 숙소를 참고 지내야 하는 이유가 하나 생겼는데 저녁을 공짜로 준다는 거였다. 처음 예약을 할 때는 아침만 무료였는데 저녁 6시까지 도착한 손님에겐 저녁식사를 무료 제공한다는 것이었다. 오늘, 우린 얼결에 저녁을 공짜로 먹게 되었다. 도착한 시간이 마침 6시에 걸렸던 것이다. 연세 많으신 분이 식사 담당을 하셨는데 우리에게 빨리 와서 저녁을 먹으라고 손 흔들어 주셨다. 우리가 마지막이었다. 고마워서 팁을 주었는데 실상 외식하는 값만큼이었다. 그래도 기분은 훨씬 좋았다. 여행지, 낯선 곳에 숙박을 해야 하는 사람에게 한 끼의 식사는 참으로 귀한 것이라 그것을 우리에게 주고자 한 그 마음 씀씀이가 고마워서 그랬다.

아, 미국 사람들 왜 이리 자꾸 내 맘에 들어오는 걸까?

저녁을 먹고 가까운 마트에 가서 맥주와 와인을 사 와서 마셨다.

점심 14달러, 주유 20달러, 저녁 무료, 술 29달러, 기념선물 40달러

6월 12일(금): 리치먼드 관광 🚗

아침을 먹고 느긋하게 리치먼드 관광을 나섰다. 우린 가급적 관람료 무료를 우선으로 한다. 그리고 유료인 경우는 정말 중요하고, 보아야 할 가치가 있는

버지니아 주 의회 의사당

것만 챙긴다. 이번 리치먼드도 예외는 아니다. 제일 먼저 '자유가 아니면 죽음
을 달라'고 외쳤다는 그 장소로 유명한 **세인트 존 주교 교회**에 갔다. 아아아, 정
말 대실망이었다. 교회는 수리 중이었고 단지 어수선하게 세워진 무덤 비석들
만 볼 수 있었다. 동네 역시 조금 지저분했다. 그 교회 하나 보자고 주차 공간
찾아 헤매면서 갔나 싶어 기분이 안 좋았다.

　여행을 할 땐 자신의 취향을 고려한 곳을 찾아보는 것이 중요하다. 다른 사
람들이 좋다고 무조건 따르다 보면 오늘 나의 기분과 같은 경우를 느끼게 될
것 같다. 그곳 주변은 거리주차가 아무 곳이나 가능하다. 동네가 오래된 곳이
라 그런지 곳곳에 아무런 표지 없이 차들이 주차되어 있었다.

　허망하고 허탈한 기분을 안고 **버지니아 주 의회 의사당**으로 갔다. 깨끗하고

세인트 존 주교 교회(St. John's Episcopal Church): 1775년 미국의 독립을 위한 제2차 버지니아 대륙
회의 때 애국투사 패트릭 헨리가 이곳에서 그 유명한 '자유가 아니면 죽음을 달라'는 연설을 하였던 곳이
다.

공원을 안고 있어서 좋았다. 날씨가 아주 많이 더웠는데 그곳에서 여유롭게 이것저것 둘러볼 수 있어서 마음까지 시원했다. 주차는 거리주차가 어려워 뱅 뱅 돌다가 결국 1시간에 5달러를 줘야 하는 공영주차장을 이용했다. 비싸다 는 생각이 들었지만 선택의 여지는 없었다. 그리스 신전 스타일의 흰 대리석 으로 된 의사당 건물은 우람했고, 무료로 들어가 둘러볼 수 있었다. 땡볕도 피 할 겸 안으로 들어가 보니 매우 깔끔하고 시원했으며 조지 워싱턴 동상을 비 롯해 이런저런 볼거리들이 있고, 의회 회의를 위한 사무실과 방들이 갖춰져 있었다. 매점을 겸한 간이식당도 있어 간략히 점심 식사를 했다.

　다음으로 **미국 남북전쟁 박물관**으로 갔다. 입장료를 내려니 조금 아깝다는 생각이 들어 바로 옆 무료 관람이 가능한 **버지니아 전쟁 기념관**으로 갔다. 버 지니아 출신 청년들이 전쟁에 나가 평화를 위해 기꺼이 목숨을 내어 놓은, 그 고귀한 이들을 기리는 곳인데 안내해 주는 분이 아주 친절했고 나름 이것저 것 챙겨볼 수 있어서 좋았다. 특히 한국전쟁6·25에 참가하여 사망한 버지니아 출신 장병들의 이름을 새긴 곳을 볼 땐 눈물이 났다. 자기 나라도 아니고 남의 나라 전쟁에 나가서 그 생때같은 목숨을 잃었다고 생각하니 미안한 마음에 머 리가 절로 숙여졌다. 가슴이 몹시 아팠다. 내가 이런데 그 자식들을 잃은 부모

버지니아 주 의회 의사당(Virginia State Capitol): 1788년에 완공된, 미국의 주 의사당 건물 중 두 번째 로 오래된 곳. 서반구에서 가장 오래된 입법부인 Virginia General Assembly(버지니아 연합 총회)가 열 린 곳이다.

미국 남북전쟁 박물관(The American Civil War Museum): 미국의 북부와 남부, 그리고 당시 노예였던 흑인들의 관점에서, 남북전쟁의 세세한 면모를 살펴볼 수 있는 자료들이 정리되어 있다.

버지니아 전쟁 기념관(Virginia War Memorial): 버지니아 출신으로, 제2차 세계대전부터 이라크전까지 전쟁터에 나가 귀한 목숨을 내놓은 전몰장병들을 기리기 위한 곳이다. 한국전쟁에 참전한 장병들도 벽면 한 편에 그 이름 하나 하나 기록되어 있다. 기념관 주변은 매우 깨끗하고 정갈하게 정돈되어 있고 안에는 여러 전투에 참여한 장병들과 그에 관련한 자료들이 전시되어 있다. 관련된 많은 내용들을 직접 보고 설 명 또한 들어 볼 수 있는 곳으로 가슴 아픈 현장이다. www.vawarmemorial.org

버지니아 주 전쟁 기념관

는 어떠했을까? 우리나라는 왜 전쟁을 해서 남의 나라 청년들 목숨까지 빼앗아 버렸을까? 이런저런 생각들이 많았다. 그 어떤 이유라 해도 전쟁은 절대 안 된다는 생각이 강하게 들었다.

지금 내가 누리고 있는 이 자유가, 귀한 분들의 목숨을 기꺼이 내어 놓은 은혜로움 덕분이었음을 어찌 말로 대신할 수 있겠는가? 그분들의 영혼이 있다면 거듭거듭 고맙다고, 또한 미안하다고 전하고 싶다. 잊지 않겠노라 마음속 맹세를 다짐으로 두었다.

날이 너무 더웠다. 더 이상 다니면 더위 먹을 듯싶어 오늘은 여기서 그만 일정을 접기로 했다. 오는 길에 마트에 들러 와인과 저녁 식사거리를 사 왔다.

남편이 몹시 지친 듯했다. 아니 그러겠는가, 남의 나라에서 낯선 곳곳을 운전하고 다녀야 하니 옆에서 따라만 다니는 나보다 더 피곤함은 당연하겠단 생각이다.

　수박과 딸기를 샀다. 수박은 맛이 조금 덜 달고 딸기는 시었다. 그래도 남편
은 수박을 잘 먹었다. 원래 수박을 좋아하기도 하지만 피곤하고 갈증이 심해
서 그렇겠다 싶었다.

점심 8달러, 저녁(마트) 40달러, 선물 5달러

6월 13일(토): 역사 삼각지대에 다녀오다 🚗

　오늘은 미국의 일명 **역사 삼각지대** 지역을 돌아보는 데 하루를 다 보낸 셈이
다.

　식민지 시대의 모습을 재현하고 있는 콜로니얼 윌리엄스버그는 우리나라의

역사 삼각지대(Historic Triangle): 윌리엄스버그(Williamsburg. Colonial Williamsburg 포함), 제임스
타운(Jamestown), 요크타운(Yorktown)을 함께 일컫는 이름이다. 역사적으로 중요한 곳인데, 식민지 시
대의 수도였던 윌리엄스버그는 남북전쟁 당시의 피해를 크게 받지 않았던 덕에 200년 전 당시의 모습
을 상당 부분 그대로 느껴볼 수 있다. 특히 식민지 시대의 마을을 재현한 Colonial Williamsburg 지역
은 18세기의 역사를 현장에서 직접 눈으로 보고 만져볼 수 있는 생동감 있는 박물관이라 할 수 있다. 옛
모습으로 재건되어 있는 건축물과 전통 복장을 한 그곳 주민들도 만나볼 수 있음은 물론이다. 방문객
센터에서 입장권을 구입하면 그 지역 안에 있는 유명한 곳을 직접 살펴볼 수도 있고 체험해 볼 수도 있
다. 입장권이 없어도 구역 내를 관광하는 것에는 아무런 제약을 받지 않는다. 직접 만든 생필품들을 파
는 기념품 가게를 겸한 집들이 많아서 오래전 물건들을 구입할 수 있는 재미도 느껴볼 수 있다. www.
colonialwilliamsburg.org
제임스타운은 영국이 북아메리카 버지니아 식민지 내에 최초로 영구 정착한 곳이다. 늪지로 이루어진 이
곳에 처음 정착한 사람들이 생존을 위해 감수해야 했던 고통이 역사로 남겨져 있다. www.historyisfun.
org, www.historicjamestowne.org
요크타운은 미국 독립전쟁이 사실상 종식된 곳이다. 1781년 10월 19일 이곳 요크타운에서 벌어진 전
투에서 영국군이 항복함으로써 얻어낸 결과이다. 미국 독립전쟁 최후의 대규모 전투의 현장이다. www.
historyisfun.org
이들 세 지역, 트라이앵글의 인근에는 윌리엄스버그 와이너리(Winery)를 비롯하여 북유럽풍 테마공원인
부시가든, 제임스 강 유역의 대농장들 등 볼거리들이 다양하다. 특히 세 곳은 셔틀버스가 운행되고 있어
이동의 편리성이 동반된다. 홈페이지를 통해 운행 시기와 시간을 점검해 볼 필요가 있다.

역사 삼각지대 중 윌리엄스버그 민속촌

민속촌과 비슷했는데 규모가 꽤 컸다. 방문객센터는 넓은 공간을 지닌 건물이었고, 바로 옆에 숙박시설도 마련돼 있었다. 목장 안에 들어갈 수 있고 여러 가지 체험을 할 수 있는 입장권은 성인이 40.99달러라서, 조금 비싸다 싶어 입장권을 사지 않고 민속촌으로 들어가는 육교를 지나 안으로 들어갔다. 200년도 넘은 옛날의 역마차와 복장, 건물들을 살펴보는 흥미로운 곳이었다. 비누 등을 파는 집에 들어가 비누 몇 장을 기념선물로 샀다. 늦은 점심은 차를 몰고 인근의 윌리엄스버그 와이너리에 가서 와인도 마시고 식사도 했다. 와인 1병을 주문해서 남편은 운전을 해야 해서 레몬을 마시고 나는 2잔을 마셨다. 음, 조금 싼 것을 주문해서인지 캘리포니아 와인에 비해 신맛이 강한 듯했다. 어찌되었든 분위기 좋은 곳에서 와인과 점심을 마치고 제임스타운으로 갔다.

도착해서 바로 들어가 보았으면 좋았을 터인데 갑자기 하늘에서 천둥이 치고 검은 구름이 끼기에 조금 걸어 차 세워 둔 곳까지 가서 비옷을 가지고 돌아왔더니, 어쩌나 5시까지인데 4시 35분이 된 탓에 날씨도 금시 비가 쏟아질 것

같고 하니 입장하지 말라고 했다. 가까운 인디언 마을까지만 갔다 오겠다 하였더니 내일 다시 오라고 한다. 이러이~~~ 내가 미국에 살고 있는 사람인 줄 아나보다. 돌아서 오는 마음이 내내 섭섭했다. 비옷 무시하고 그냥 갔으면 되었으련만, 내가 비 맞는 거 싫다고 비옷, 비옷 하는 바람에 얼결에 따라나선 남편은 아무 말 없이 담배 한 대….

오전 내내 시간을 보낸 미국 식민지 시대의 민속촌을 본 것으로 모든 기분을 대신해야겠다. 그래도 나름 좋았다.

민속촌에서 제임스타운으로 가는 길에 기름을 넣었다. 처음 기름을 넣을 때 넣는 방법과 요금 계산하는 방법을 몰라 여러 번 주유소 직원에게 부탁도 하고 이러저러 배우면서 며칠 전까지도 어리어리하던 남편이 오늘은 아주 여유 있게 기름을 넣는 것이 아닌가. 이게 익숙함이란 것인가 보다.

점심 54달러, 주유 20달러, 선물 30달러

6월 14일(일): 리치먼드 → 피셔스빌 Fishersville 🚌

이런 표현이 가능한가? 지긋지긋했다는 것. 3일 동안 잠자기 위해 들어가야 하는 곳이 참으로 고통스러웠다. 어떻게 청소를 하는 것이기에 그렇게 환기를 못 시킬까? 그것도 숙박업소에서 말이다. 남편이 나의 까다로움 때문에 어디든 집을 나서서 잠을 자고 와야 하는 일이 있으면 내 눈치를 하도 살펴서 먼 나라 여행이기에 정말, 정말 많이 참고 지냈다. 신나게 놀다 들어올 때 되면 기분이 나빠졌다고 하면 거짓말이라고 할까?

하여튼 그런 곳을 오늘 드디어 나오게 되어서 얼마나 기뻤는지 모른다. 아침을 먹고 즐거운 맘 가득히 담고 리치먼드의 숙소를 나왔다.

해방된 느낌!

드디어 **블루리지 파크웨이**를 찾아 떠났다. 오늘 숙소는 버지니아 주의 피셔스빌에 있는 햄턴 인이다. 블루리지 파크웨이로 들어가기 위해 하루 묵기로 한 곳인데 마침 리치먼드에서 멀지 않은 곳이어서 가는 길에 잠시 **셰년도어 국립공원**을 관통하는 **스카이라인 드라이브**를 다녀오기로 했다. 비록 105km밖엔 안 되었지만 되돌아와야 하는 시간 때문에 로프트 마운틴Loft Mountain까지만 갔다. '수목이 우거졌다'는 것이 바로 그런 곳을 두고 하는 말이구나 싶었다.

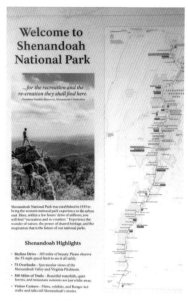

셰년도어 국립공원 안내판

가족이나 연인과 함께 드라이브를 즐기기에 아주 좋은 곳이었다. 길 중간중간 전망대가 있어 산 아래를 내려다볼 수 있어서 더욱 즐거웠고 캠핑장에서 가족들이 아이들과 여유로운 시간을 보내는 모습을 보는 것도 즐거웠다. 공

블루리지 파크웨이(Blue Ridge Parkway): 버지니아 주와 노스캐롤라이나 주에 걸쳐 있는 산악도로. 감탄이 절로 나오는 산의 풍광과 하이킹, 캠핑 등으로 유명한 멋진 길이다. 이 책의 제2부 블루리지 파크웨이 참조.

셰년도어 국립공원(Shenandoah National Park): 버지니아 주 북부에 있는 공원. 애팔래치아 산맥의 일부를 품고 있다. 봄부터 여름까지 화려하게 만발한 야생화들이 끊임없이 피고 지고, 가을에는 붉은색 단풍이 온 산을 덮는다. 이 공원 계곡의 절경과 가을 단풍은 신이 빚어낸 예술품이라는 찬사가 제격이라 할 수 있다. www.nps.gov/shen

스카이라인 드라이브(Skyline Drive): 블루리지 산맥의 능선을 타고 셰년도어 국립공원을 관통하는 드라이브 길이다. 전망 좋은 곳에는 어김없이 전망대가 준비되어 있고 멋진 트레킹 코스도 마련되어 있어 자연이 주는 끝없는 감동을 느껴볼 수 있는 길이다. 곡선 구간이 많아 속도 제한이 있다. 4개의 셰년도어 국립공원 출입구에 모두 이 길이 연결되어 있다.

기도 좋고 길도 좋고 기분도 좋고, 여행에서 얻을 수 있는 모든 즐거움을 한껏 느낄 수 있어서 좋았다.

스카이라인 드라이브 길을 빠져나오자마자 오늘 하루 묵어갈 숙소가 있었다. 길옆이라 처음엔 조금 불편하지 않을까 했는데 그건 우려였다. 실내는 아주 깨끗했고 숙소 내 냄새도 전혀 나지 않았다. 미국은 실내에 카펫을 많이 이용해서 그런지 칙칙한 냄새가 나는 곳이 가끔 있었는데 이곳은 그런 냄새가 나지 않아서 좋았다. 실내 환기를 잘 시키는 곳이었다.

남편은 들어오자마자 피곤해서인지 1시간만 자고 일어나겠다고 눕기부터 했다. 운전을 하면서 여행을 하는 것이 바로 이런 점이 문제이다. 누군가와 번갈아 운전을 하면 좋은데 한 사람이 계속 운전을 하면 피로감이 커짐은 물론이다. 나는 운전을 잘 못한다. 국제운전면허증을 가져오긴 했지만 한국서도 융통성 있는 운전을 못하는데 괜히 남의 나라에 와서 서툰 운전을 하겠나 싶어 운전은 모두 남편에게 의존했는데 많이 미안한 마음이 든다.

8시 넘어 저녁을 먹으려고 하니 마땅한 식당이 없었다. 특히 숙소 주변에 마땅한 식당이 없어서 간단히 피자를 사다 먹었다. 한 끼를 대충 에우려는 마음이었는데 피자가 아주 맛있어서 저녁만찬을 한 듯했다.

점심 25달러, 슈퍼(물 등) 18달러, 주유 20.24달러(카드로 만땅 넣다), 저녁 12달러

6월 15일(월): 블루리지 파크웨이 종주 첫날 🚐

아침 일찍 블루리지 파크웨이를 찾아 떠났다.

숙소에서 그리 멀지 않은 곳에 어제 다녀왔던 셰넌도어 국립공원의 스카이라인 드라이브 길과 갈라지는 지점이 있었다. 파크웨이 길로 접어드니 곧바로

미국 동부 렌터카 여행 & 블루리지 파크웨이

블루리지 파크웨이 북단 출발점임을 알리는 나무 간판을 볼 수 있었다. 차를 세워 사진을 찍은 후 조금 더 달려 첫 번째 방문객센터인 험백 록스Humpback Rocks 방문객센터를 찾아갔는데, 오머나 10시에 문을 연다는 게 아닌가. 한참을 기다렸다가 이것저것 지도 등을 구해 나왔다.

블루리지 파크웨이 북단 출발점

아, 정말 좋았다. 하늘은 파랗고, 구름은 하얗고, 나무들은 깨끗한 녹색 빛을 띠었다. 길 빼곡하게 나무들이 늘어섰고 어린 노루와 살찐 청설모도 뛰놀았다. 제한속도가 최고 45마일 72km이라 빨리 달릴 수 없는 길이어서 시간이 많이 걸렸다. 그러나 신선한 공기 가득한 산길을 달리는 것이니 기분이 몹시 좋았다. 달리는 도중 도중에 도로변의 전망대에서 차를 세우고 파노라마처럼 펼쳐지는 전경을 바라보곤 했다.

점심은 86마일 지점의 오터크리크Otter Creek에 있는 레스토랑에서 먹었다. 아주 깨끗하고 직원들이 친절했다. 공기 좋고 전경 좋은 곳에서 근무하는 사람들이라 그런지 더 친절하고 착해 보였다. 남자 종업원이 식탁에 앉아 있는 우리 부부 사진을 찍어 주었다.

미국 사람들은 대부분 모르는 사람에게도 밝은 웃음을 지어 준다. 난 그 웃음이 좋다. 지나고 나면 아무것도 남지 않는다 하겠지만 사람과 사람이 주고받은 웃음은 스치고 지난 그 다음의 시간도 기분 좋게 해준다.

105마일 지점에서 숙소로 정한 로어노크Roanoke로 향하는 갈림길을 따라

오터크리크 레스토랑에서 바라본 전경

천천히 내려갔다. 내려가는 계곡길은 약간 가파르고 굽이진 곳이 많았다. 제한속도 역시 지형에 따라 다르지만 25마일40㎞이 많았다. 숙소에 도착하니 오후 5시가 조금 넘은 시간이다. 아침 9시경에 출발했으니 점심 식사 및 전망대에서의 조망 시간 등을 빼더라도 대략 7시간 운전한 셈이다. 남편이 피곤한 듯해서 내가 운전을 해주려고 했는데 5분 정도 하고 말았다. 산길이고 내리막, 오르막길이 많아서 운전하기 힘들었다. 하루 7시간 계속 운전을 한 남편은 늘 저녁 시간에는 피곤해 한다.

아, 어쩌랴… 미안하지만 도울 방법이 없다. 사랑하는 마음으로도 대신할 수 없는 것들이 꽤 여럿인 듯하다.

호텔은 어제와 같은 햄턴 인이다. 남자 직원이 좀 별루였다. 아침 식사에 대한 설명도 없었고, 배정 받은 방도 1층이어서 기분이 별루였다. 그러나 숙소 내 청결은 아주 좋았다.

가까운 곳에 쇼핑센터가 있고 월마트도 있다. 월마트에 한국 신라면과 농심 김치라면, 그리고 햇반이 있었다. 와우, 김치도 있는 게 아닌가? 한국에서 만든 김치는 절대 안 사 먹고 라면도 거의 안 먹는데 미국에 와서 대어를 낚은 기분으로 라면과 김치를 낚아(?) 아주 맛나게 먹었다. 성찬이었다.

점심 43달러, 저녁 44달러, 주유 26달러

노스캐롤라이나 주

6월 16일(화): 블루리지 파크웨이 종주 둘째 날 🚗

　숙소에서 블루리지 파크웨이로 올라가는 길을 잘못 들어 예정 시간보다 1시간가량 늦어지게 되었다. 오늘 숙소까지 적어도 6시간 이상 운전을 해야 할 듯해서 몹시 긴장을 했었는데 의외로 시간이 그리 오래 걸리지 않았다.

　오는 길에 마브리 방앗간Mabry Mill에서 점심도 먹었고 중간중간 전망대에서 산 아래 멋진 전경도 구경했다. 블루리지 뮤직센터에 들렀을 때가 4시 23분이었다. 4시에 음악 연주가 끝났단다. 너무 아쉬웠다. 5시에 문을 닫는다고 했다. 공예품들과 먹거리를 파는 건물인 Northwest Trading Post에도 들렀는데 문이 닫혀서 여간 아쉬운 게 아니었다.

　오늘은 비록 몇몇 볼만한 곳을 시간 때문에 제대로 볼 수 없었지만 길옆으로 이어지는 마을도 있었고, 방목되는 소도 보았고, 도로를 겁 없이 뛰어 건너는 노루도 보았고, 자연과 함께한 시간들이 더없이 좋았다.

　하늘은 어제와 마찬가지로 맑고 깨끗했다. 날은 더웠지만 산길 바람은 시원

　　　　　　　　　　　　　미국 동부 렌터카 여행 & 블루리지 파크웨이

통나무집의 한 모습

하기 그지없었다. 에어컨을 끄고 창문을 열고 달렸다. 남편이 피곤한 듯해서 40분 정도 내가 운전을 했다. 굽어지는 길이 많아서 긴장을 했는데 다행히 오가는 차들이 그리 많지 않고 양보 운전과 배려 운전들을 하여서 운전하기 편했다. 중간중간 추월선도 있고 전망대도 많아서 좋았다.

숙소가 있는 전설의 바위 마을Blowing Rock은 꽤 괜찮은 곳이었다. 저녁은 어제 월마트에서 산, 남은 김치와 라면 그리고 햇반으로 해결했다. 물론 맥주는 기본.

행복하다. 남편과 둘이 이렇게 산길 옆 동네에서 비록 라면과 햇반이지만 맛나게 밥을 먹고 서로 웃음을 나눌 수 있다는 것이 행복이 아니고 무엇이겠는가.

산길을 7시간 정도 운전했고, 처음 입구를 못 찾아 1시간 남짓 뱅뱅 돌았고… 피곤해서 손발만 살짝 씻고 양치하고 잠자리로… 몹시 원시적.

점심 22달러, 선물 CD 20달러

6월 17일(수): 블루리지 파크웨이 종주 셋째 날 🚗

　다음 일정을 위해 출발은 좋았다. 오늘은 다음 숙소까지 거리도 짧고 해서 이것저것 많이 보고 가자고 했다. 그것이 문제였다.

　입장료 1인당 7달러였던가, 여하튼 마을 이름의 유래가 된 '(거꾸로) 바람 부는 바위'Blowing Rock를 찾아가 바위 위에서 사진도 찍었다. 모지스 콘Moses H. Cone의 2층 저택도 둘러보고, 또 린빌Linville 폭포를 보겠다고 숲길을 다녀오기도 하는 등등 어쩌다 보니 점심 시간을 훌쩍 넘겼다.

　배가 고프다고 했더니 남편은 나를 위해 가까운 마을로 빠져 나가 점심을 먹고 오자고 했다. 나는 조금 참고 원래 내가 가고자 했던 미첼 산 주립공원Mount Mitchell State Park에서 점심을 먹자고 했다. 남편 의견대로 하면 30분 정도 안에 점심을 먹을 수 있고 내 의견대로이면 적어도 1시간 이상에서 1시간 30분 지나야 점심을 먹게 되는 거였다. 여기서 또 내 똥고집이 발동했다. 빡빡 우겨서 가까운 곳을 멀리하고 미첼 산 주립공원을 향해 달렸는데 시간이 오후 3시를 넘겼는데도 갈 길은 멀고 또 멀었다. 할 수 없이 작은 스위스Little Switzerland라는 마을로 갔다. 찾아간 식당은 점심이 오후 3시까지이고 저녁이 5시 30분부터 시작한다는 것이 아닌가?

　이럴 때 다툼은 시작된다. 네가 옳았느니, 내가 옳았느니….

　한참을 네 탓이니 내 탓이니 했다. 여행을 다니면서도 서로의 주장을 굽히지 않고 작은 의견차를 충분히 큰 싸움처럼 판 벌릴 수 있는 사람은 오직 우리 부부밖에 없을 듯하다. 잘못은 내가 했는데 남편이 미안하다는 말로 다툼을 끝냈다.

　다행히 작은 스위스 마을의 한 식당에서 남편은 돼지고기 요리, 나는 가든

작은 스위스 마을 전경

샐러드로 늦은 점심을 해결할 수 있었다. 야채가 깨끗하게 씻어지지 않아서 바꾸어 달라고 했다. 기분이 나빠서 1/3 겨우 먹고 말았다.

일단 화해를 했으니 다음은 또 신나게 여행을 해야지 않겠는가? 다행히 남편과 나는 뒤끝이 아주 짧다. 짧다기보다 아예 없다. 금방 언제 다투었나 싶게 서로의 의견에 헤죽헤죽 맞장구치며 미첼 산 주립공원으로 갔다. 오후 6시가 넘어서 도착했다. 방문객센터는 벌써 문을 닫았고 다행히 널찍하고 둥글게 만든 전망대는 올라가 볼 수 있었다. 그곳엔 멋진 풍광을 안고 있는 레스토랑도 있었는데 8시까지 한다고 했다. 바로 옆에 캠핑장이 있어 그런가 보다. 늦은 점심만 아니었다면 그곳에서 멋진 풍광을 끼고 맛난 식사를 했을 텐데….

미첼 산 주립공원 전망대에서의 조망은 정말 황홀할 만치 근사했다. 내려다보이는 광경은 굉장하다는 말로 설명하기엔 부족한 감이 든다. 몇 시간 전까지 소리 내며 다투던 우린 나란히, 아주 다정히, 손을 잡고 정상에 위치한 전망대까지 걸어갔다 왔다. 차는 정상 바로 아래까지 올라갈 수 있다.

시간이 늦어 다른 곳은 포기하고 일단 애슈빌Asheville에 있는 숙소로 왔다. 저녁은 여전히 컵라면으로 해결했다. 점심을 너무 늦게 먹어서 밥 생각이 없었다. 둘 다.

점심 23달러, 기름 30달러, 선물 2달러

6월 18일(목): 블루리지 파크웨이 종주 넷째 날 🚗

오늘 드디어 블루리지 파크웨이를 완주했다. 꼬박 4일 만이다. 하루 평균 200km 가까이 달린 셈인데 그래도 아주 세세히 보지는 못했다. 몇 곳의 전망대는 시간상, 체력상 지나치기도 했다.

원래는 오늘 미국 최대의 개인 저택 및 정원인 빌트모어 저택Biltmore Estate을 구경하려 했으나, 찾아가서 둘러보는 데 시간이 워낙 오래 걸려 블루리지 파크웨이의 구불구불한 마지막 구간을 운행하는 데 어려움이 있을 것 같아서 취소하고 방향을 바꾸어 곧장 파크웨이로 다시 올라갔다.

민속공예품 센터Folk Art Center에서 자디잔 선물용 기념품들 몇 개를 사고, 블루리지 파크웨이 본부에 해당하는 방문객센터를 둘러본 후에 피스가 산Mt. Pisgah에 자리한 레스토랑에서 점심을 먹고 마지막 구간구간 의미를 두어도 좋을 만한 곳들을 돌아보았다. 파크웨이의 남쪽 끝 종착점에 위치한 오코닐루프티Oconaluftee 방문객센터에 들렀다.

이 방문객센터는 요상스럽게도 블루리지 파크웨이의 종점에 있는데도 불구하고 블루리지 파크웨이에 관한 정보는 지도, 그것도 물어봐야 주는 정도이고 모든 안내 자료는 **그레이트스모키 산맥 국립공원**에 관한 정보들뿐이었다. 조금 실망이었다. 외국인이 블루리지 파크웨이를 달려 보기 위하여 노스캐롤라이나 주 쪽에서 시작한다면 조금은 황당할 것 같다. 남쪽에서 시작하여 가장 이른 방문객센터에 도착하려면 적어도 20마일 정도를 지난 워터록 노브Waterrock Knob 방문객센터까지 가야 한다. 그곳의 전망은 상당히 좋은 편이나 규모가 작고 특히 화장실 이용이 불편하다. 안내 정보는 남단 종점에서 무려 85마일 떨어진 곳에 있는 방문객센터와 본부Blue Ridge Parkway Visitor Center and Park Headquarters가 가장 다양했고 여러 가지 시설도 만족스럽지만 남쪽 끝 지점에서 거기까지 가려면 너무 오래 걸린다.

4일 꼬박 승용차로 블루리지 파크웨이를 달리면서 웬만한 전망대는 다 쉬어 가면서 즐겼다. 그런데 미국 여기저기 도회지를 돌 땐 중국인과 한국인, 그리고 인도 쪽 사람들이 너무도 많다 느꼈는데 블루리지 파크웨이에서는 정말 단 한 번도 만나 보지 못했다. 가을에는 더러 오겠다 싶었지만 암튼 신기했다. 이 길은 한번 돌아보면 좋을 듯하다. 끝없이 이어지는 푸름과 맑음 그리고 자연의 순수와 위대를 한 번에 다 느낄 수 있는 곳이라는 생각이다.

나와 남편은 아주 즐겁게 4일을 자연과 벗했다.

원래 예정된 숙소는 체로키 마을에서 조금 떨어진 곳에 있는 호텔이었는데 인터넷으로 예약을 한 곳에 막상 가보니 내부시설 공사 중이어서 페인트 냄새가 심하고 어수선하고 지저분하기조차 했다. 오늘이 공사 마지막 날이라고는 했지만 피곤한 몸을 쉬기엔 더욱 피로가 쌓일 듯해서 다른 곳으로 옮겼다. 냄새 때문에 예약을 취소한다고 하니 호텔 쪽에서도 자신들이 공사를 해서 그러한 것이라 흔쾌히 취소를 해주었고 다른 곳 숙소 예약도 도와주었다. 물론 나

그레이트스모키 산맥 국립공원(Great Smoky Mountains National Park): 제2부 블루리지 파크웨이 참조.

는 옆에서 인상을 쓰고 있었고 당황한 남편이 이러저러 일을 처리했다. 남편은 나에게 너무도 고마운 사람이다. 내가 싫다는 것은 어찌되었든 내가 좋다는 쪽으로 일을 정리해 준다. 급하게 다시 구한 숙소는 시설도 무난하고 직원도 몹시 친절했다.

점심 29달러, 저녁 12달러, 선물 21달러, 주유 20달러

6월 19일(금): 체로키 인디언 마을 관람 🚌

마침 숙소에 세탁시설이 구비되어 있어서 빨래를 했다. 장기간 여행을 다니면 제일 불편한 것이 빨래이다.

느긋하게 점심까지 먹고 체로키로 나갔다. 이 마을의 최대 정점은 인디언 마을을 둘러보는 것인데 10분 늦어 들어가지 못했다. 저녁 늦은 시간인 8시부터 공연이 있긴 했으나 내일 이른 시간 출발해야 하는 일도 있고 해서 아쉽지만 포기했다.

체로키 인디언 박물관만 잠깐 들어가 살펴보고 차로 마을을 휘리릭 돌아보는 것으로 만족해야 했다. 체로키는 마치 모든

인디언 박물관 앞 나무 조각

체로키 인디언 박물관(Museum of the Cherokee Indian): 인디언 보호 구역 체로키 마을에 있는 박물관으로 추방당한 인디언들이 가슴속 눈물을 흘리며 고난의 길을 걸었던 암울한 옛 역사를 알게 하는 곳이다. 박물관 앞에 세워진 큰 인디언 목각은 여전히, 지금도 눈물을 흘리고 있어 애잔함을 느끼게 한다.

주민들이 인디언인 것처럼 처음부터 끝까지 그들과 관련된 것들로 가득했다. 나는 별다른 흥미를 느끼지 못했다. 그냥 복잡하고 번잡한 곳이란 느낌이 컸다. 그러나 이런 문화를 이해하는 사람들에겐 매우 흥미로운 곳일 듯하다.

　마을 슈퍼마켓에서 한국 농심 컵라면을 사서 저녁으로 에웠다. 시내 레스토랑은 가고 싶은 마음이 별로 들지 않았다. 이런 나의 까다로움 때문에 남편도 컵라면으로 저녁을 대신했다.

마트 12달러, 선물 8달러

켄터키 주

6월 20일(토): 노스캐롤라이나 주 실바→ 테네시 주→ 켄터키 주 렉싱턴 🚗

오늘은 3개 주를 넘나들었다.

노스캐롤라이나 주의 실바Sylva에 있는 숙소를 떠나 체로키 마을과 오코널루 프티 방문객센터까지 오는 데에는 30분밖에 걸리지 않았다. 이 방문객센터가 바로 그레이트스모키 산맥 국립공원의 남쪽 출발점인 셈이다. 공원을 남북으 로 관통하는 도로는 441번 도로인데, 결국 산을 하나 넘어가는 셈이다.

공원을 오르는 찻길은 그다지 가파른 편은 아니나 굴곡이 좀 있었다. 마침 비가 간간이 뿌리는 데다가 안개가 자욱하여 오가는 차들이 모두 안개등을 켜

노스캐롤라이나 주(North Carolina State): 미국 남동부 대서양 연안에 있고 주도는 롤리(Raleigh)이다. 1795년에 세워진. 미국 역사상 가장 오래된 주립대학인 노스캐롤라이나대학이 있다. 이 주의 서부에 뻗 어 있는 애팔래치아 산맥은 그레이트스모키 산맥과 블루리지 산맥을 품었고 서로 연결선을 이루고 있다. 이 지역에 가장 먼저 살기 시작한 원주민은 체로키 인디언으로 1830년 강제 추방을 당하였을 당시 도망 쳐 살아남았던 이들의 후손이 현재 그레이트스모키 산맥 끝 지점에 모여 살고 있다. 공원과 작은 산악마 을이 많다. www.nc.gov(주 웹사이트).

고 운행하였다. 도로 양옆으로 나무들이 우거져 있어 짙은 안개가 깔릴 때면 마치 한밤중인 듯 어두컴컴한 느낌을 주곤 했다.

능선에 오르니 널찍한 주차장에 자동차들이 즐비하고 인파 역시 상당했다. 블루리지 파크웨이는 기다랗게 이어진 산악도로여서 그런지 어느 한 군데에 인파가 붐비는 곳을 찾기 힘들었는데 이곳은 달랐다. 주차장 주변에는 돌계단 위로 전망대도 있고, 애팔래치아 산맥 종주길 표지판, 그리고 이 능선길이 바로 테네시 주와 노스캐롤라이나 주의 경계라는 표지판, 1940년에 프랭클린 루스벨트 대통령이 이 산과 시내와 숲을 미국민에게 봉헌한다는 내용의 사진과 글이 적힌 입간판 등이 서 있었다. 산허리에 깔린 구름과 아울러 사방을 둘러보는 느낌이 산뜻해서 좋았다.

능선에서부터 올라왔던 길의 반대 방향으로 내려가는 길은 **테네시 주**에 속한다. 제한속도 20~25마일의 굽이진 경사로를 따라 30분쯤 내려가니 **슈가랜드 방문객센터**에 닿을 수 있었다. 남북으로 공원을 관통하는 데 걸린 시간이 불과 1시간 남짓이라는 사실이 다소 놀라웠으나, 산을 넘는 동안 줄곧 기분이 상쾌해 콧노래가 나올 정도였다.

방문객센터를 출발하자마자 곧바로 매우 인상적이고 다양한 즐길 거리가 있는 마을들이 나왔다. **개틀린버그**와 피전포지 Pigeon Forge가 바로 그곳이었다.

....

테네시 주(Tennessee State): 미국 남부의 8개의 주와 접한 곳으로 1796년 미국의 16번 째 주로 편입되었다. 여전히 사투리를 쓰며 옛 놀이를 즐기는 시골 지역과 현대적인 만물을 누리는 도시가 어엿이 공존하는 곳이다. 독립전쟁 당시 미국이 영국을 이기는 데 도움을 준 다수의 주요 전투가 벌어졌다. 미국의 어느 주보다 깊이 음악을 즐긴다. 이 주의 관광청 홈페이지를 방문해 보면 그 진가가 느껴진다. www.tennessee.gov(주 웹사이트), www.tnvacation.com(주 관광청)

슈가랜드 방문객센터(Sugarlands Visitor Center): 그레이트스모키 산맥 국립공원의 북쪽 입구에 있다. 인근 주변의 관광이나 산행(가벼운 등산 등등)에 대한 자세한 정보를 제공한다. 기념품 및 비누와 같은 지역 특산품을 살 수 있는 공간도 마련되어 있다.

개틀린버그 가로

하루쯤 묵으면서 두 마을을 돌아보면 매우 특이한 미국여행의 묘미를 맛볼 수 있을 듯하다. 두 마을 쪽으로 들어오는 차량들의 행렬이 대단했다. 주말이라는 요소 때문에 한층 더한 것이겠지만 평일이라 하더라도 그다지 크게 줄어들 것 같지 않았다.

개틀린버그는 테네시 주 안의 작은 유럽이라 할 정도로 마을 전체가 유럽적인 분위기를 품고 있으며 마치 산 속에 놀이동산을 꾸며 놓은 듯한 곳이다. 어린아이들을 위한 유원지처럼 꾸며진 흥미로운 곳이다. 피전포지에는 거꾸로 지은 집 건물이 도로변에 있어 보는 것만으로도 흥미로움을 느끼게 한다. 미국 내에서도 유명한 관광명소로 이름나 있는 돌리우드Dollywood 놀이공원 역

개틀린버그(Gatlinburg): 그레이트스모키 산맥 국립공원으로 진입하는 북쪽 입구의 산악도시다. 아이들을 위한 모든 놀이기구가 마련되어 있고, 숙박시설과 식당, 다양한 기념품 가게들이 길 주변으로 빼곡히 들어차 있다. 마을 전체가 놀이동산인 셈이다. 번잡하지만 무척 재미난 곳이다. www.attractions-gatlinburg.com

시 이곳에 있다. 이 두 마을 모두 가족이 함께하면 좋은 추억을 담뿍 만들 수 있을 듯하다.

동화 속 마을 같은 두 곳을 지나 **켄터키 주**로 들어서기까지 오는 중간중간 강한 엄청난 장대비에 앞을 분간할 수 없기도 했었고, 언제 그랬냐는 듯이 햇볕이 너무 쨍쨍하여 금방이라도 피부가 익어 버릴 듯한 적도 있었고, 흐리고 으스스한 기운이 들 때도 있었다. 아주 묘하고 기이한 날씨를 경험한 셈이다.

켄터키 주의 **렉싱턴**에 있는 숙소에 도착한 시간은 오후 6시가 조금 넘었다. 숙소는 버펄로에서 묵었던 곳과 같은 곳이었는데 역시 깨끗하고 조용해서 기분이 좋았다. 주변에 레스토랑과 슈퍼마켓이 있어 더욱 좋았다. 저녁은 근처 레스토랑에서 간단히 맥주와 스테이크로 해결했다.

점심 12달러, 저녁 44달러, 선물 42달러

켄터키 주(Kentucky State): 미국 중동부에 위치한 곳으로 1792년 미국의 15번째 주로 편입되었다. 주도는 프랭크퍼트(Frankfort)이다. 미국의 16대 대통령이자 남북전쟁 당시 북군의 지도자였던 에이브러햄 링컨과 남군의 리더 제퍼슨 데이비스 대통령도 이 주 출신이다. www.kentuckytourism.com(주 관광청)

렉싱턴(Lexington): 켄터키 주에 있다. 남부의 부(富)를 느낄 수 있는 문화, 학술 도시로 이름나 있다. 경마에 대한 인기가 높고 유명한 승마대회가 자주 열린다. 250년 동안 말 사육의 중심지였던 만큼, 경주마 사육장의 유명세는 이 도시를 세계의 말 수도(Horse Capital of the World)라는 별칭을 갖게 하기에 충분하다. 부와 찬란한 문화의 도시였던 만큼 훌륭한 18세기와 19세기 건물들이 잘 보존되어 있다. www.visitlex.com(방문객센터)

일리노이 주

6월 21일(일): 켄터키 주 렉싱턴 → 일리노이 주 어바나 🚗

이제 미국 동부 여행은 막바지로 접어들었다. 오늘은 지인을 만나기 위해 **일리노이 주**로 왔다.

켄터키 주를 거쳐 일리노이 주로 넘어오는 길의 다양한 도로변 정경은 여행이 주는 즐거움을 느껴보기에 충분했다. 켄터키 주의 고속도로 변은 그리 높지 않은 산과 구릉을 깎아서 만든 곳이 꽤 있어서 도로 양옆으로 울퉁불퉁한 암벽이 많았고 일리노이 주는 한마디로 옥수수밭 사이를 뚫고 지나는 느낌이 컸다. 이 두 주의 색다른 도로변 풍경은 마치 소풍 나온 듯한 기분을 느끼게 했다.

....

일리노이 주(Illinois State): 미국 중서부에 위치한. 1818년 미국의 21번째 편입된 주이다. 주도는 스프링필드(Springfield)이고, 인구의 80%가 대도시에 모여 있으며 시카고가 그 중 단연 우위다. 남북전쟁 이후 산업중심지로 급속히 발전했다. 이 주의 중북부 쪽의 토질은 세계적으로도 질이 좋기로 이름나 있어 농업이 상당 수준 중요한 기반이 되고 있으며 옥수수와 콩이 주 생산물이다. 주 중부에는 링컨 유적지가 있다.

켄터키 주 고속도로

지인이 살고 있는 일리노이 주의 **어바나**는 일리노이대학교가 소재한 곳으로서, 이 대학에는 한국인 유학생들이 많다고 한다. 이곳에서 오랫동안 학생들을 가르치며 한국의 지식인 모습을 지켜온 지인은 우리에게 대학교 구내 여기저기 주요 건물에 대한 설명을 해주셨다. 저녁은 한국 음식점에서 오랜만에 냉면을 먹었다. 맛? 글쎄.

한국인, 세계 곳곳에서 각자의 이름으로 살고 있는 이들의 질기고 강한 삶의 생존 정신은 어디로부터 뿌리내린 것인지, 다들 잘들 살고 있는 모습이어서 좋았다. 오늘 하루는 지인이 머물고 있는 아파트에서 묵기로 했다.

점심 25달러, 주유 17달러, 맥주 13달러

어바나(Urbana): 미국 일리노이 주에 있는 도시. 일리노이대학교 본교 교정을 샴페인(Champaign) 시와 공유하고 있을 만큼 인접해 있어 샴페인 어바나로 곧잘 불린다.

6월 22일(월): 링컨이 살았던 집과 묘소를 다녀오다 🚗

　두 시간 남짓 달려서 **스프링필드**로 갔다. 이곳은 흑인 노예들을 해방시키고 미국을 하나로 묶었으며, 총을 맞는 비운으로 서거한 입지전적인 인물인 미국 16대 대통령 링컨이 변호사로 일하면서 주로 살았던 집Lincoln Home National Historic Site과 그가 묻힌 장소가 있는 곳이다. 미국인들은 물론 전 세계 사람들로부터 숭배 받는 인물 중의 한 사람인 링컨 대통령의 존재감을 느껴볼 수 있는 곳이다.

　링컨 대통령이 살았던 집을 관람하기 위해 방문객센터 주차장에 차를 세우고 안으로 들어갔더니 꽤 많은 사람들이 모여 있었다. 10분 단위로 관람객들을 모아서 인솔자의 안내에 따른 관람이 이루어진다고 했다. 우리는 여유 있게 오후 2시로 입장 시간을 정해 놓고 시간이 적힌 표를 받아 밖으로 나왔다.

링컨이 살던 2층집

스프링필드(Springfield): 미국 일리노이 주의 주도. 16대 대통령 링컨이 살고 묻힌 곳으로 유명하다.

인근 레스토랑으로 가서 점심을 먹고 시간에 맞추어 관람을 시작했다. 2층집 건물 외곽은 1860년에 찍은 사진과 차이 나는 점을 찾아볼 수 없을 정도로 옛 모습 그대로 잘 관리되고 있었고 건물 안의 침실과 부엌, 집기 등, 내부는 물론 바깥의 재래식 화장실 역시 그러했다. 되도록 모든 것들을 예전 그대로 보여주려는 세심한 배려를 느낄 수 있었다. 수많은 사람들이 드나들었을 터인데 참으로 깨끗하게 잘 관리되어 있어 보기 좋았다.

링컨 묘소

오후엔 링컨 묘소Lincoln Tomb를 찾아 둘러보았다. 링컨 묘소는 살림집과는 달리 주에서 관리하는 듯했다. 'State Historic Site'라고 병기되어 있었기 때문이다. 아마도 다른 이들의 무덤이 함께 있는 곳이라 그런가 보다. 널찍하게 봉분이 마련되었고 뒤로는 높다란 탑이 서 있는 등 성역화한 모습이 역력했다. 정면 앞에 얼굴 동상이 있는데 얼마나 많은 사람들이 만져댔는지 그러잖아도 오뚝한 코가 햇볕을 받아 금색으로 번들번들했다. 나도 살짝 콧방울에 손을 대고 사진을 찍었다. 봉분 안으로도 들어가 관람할 수 있다는데 동절기와 하절기 모두 일요일과 월요일엔 쉰다고 했다. 마침 오늘이 월요일이라 아쉬운 마음만 가득 남겨두고 발길을 돌렸다.

돌아오는 길에 일리노이대학교에서 어느 부자로부터 기부 받았다고 하는 푸둑 가든Foo Dog Garden을 잠시 둘러보았다. 사방이 울창한 수목들로 둘러싸

인 아주 넓은 터에 값진 조각들과 석상이 있었고, 공원 중간쯤에 커다란 저택
이 있었는데, 현재는 학교에서 회의나 수련용으로 활용하기도 한다고 했다.

여하튼 오늘은 일리노이 주의 자랑이자 자부심인 링컨 대통령의 살림집과
묘소를 다녀온 것만으로도 충분히 의미 있는 시간을 보낸 날이었다.

6월 23일(화): 어바나 → 시카고 공항 인근 🚙

어바나의 호텔에서 곧바로 시카고 오헤어 공항 인근의 호텔로 왔다. 내일
오전 9시까지 차를 반납하고 12시 출발 예정인 귀국 비행기를 타야기에 마음
이 바빴다.

서둘러 움직인 덕분인지 오후 1시 30분에 도착했다. 딱히 갈 곳도 없고 해서
프런트에 가서 일찍 왔다고 했더니 기분 좋게 입실이 가능하다고 했다. 원래
는 오후 3시부터 체크인인데 비행기를 타기 위해 오가는 투숙객들이 많은 곳
이라 그런지 약간의 시간 배려가 있는 듯했다. 어찌되었든 3시까지 기다리지
않고 일찍 들어가 쉴 수 있어서 좋았다. 미국인들은 몹시 합리적이고, 특별한
문제가 아니면 사람에 대한 배려가 큰 듯해 좋다.

호텔 인근의 레스토랑에서 늦은 점심을 먹었다.

우린 여행을 하면서 고속도로나 운전 중 간단히 해결해야 하는 경우가 아니
면 패스트푸드보다는 제대로 갖추어 식사를 할 수 있는 레스토랑을 이용하는
경우가 많다. 한데 문제는 미국도 그러하지만 유럽 여행을 할 때에도 보통 2
인의 식사를 주문하면 그 양이 많아서 거의 반쯤은 남겨야 하는 곤란한 일이
생긴다. 먹은 양에 비해 남기는 양이 많아서 돈이 아깝기도 하고, 버려지는 음
식도 문제다 싶어서 직원에게 메인요리 1인분을 시켜 둘이 같이 먹을 것이라

고 하고 사이드디시를 하나 추가 주문한다. 물론 마실 것은 각자 따로 하나씩 주문한다. 보통 남편은 주스, 나는 커피, 때론 와인으로 대신하기도 한다. 이런 경우 한국에서는, 요즘은 많이 좋아졌다고들 하지만, 2인이 1인분만 주문하면 거부를 하거나 짜증난 듯 허술한 서비스를 받게 되는 경우가 많은데 외국에서는 불쾌한 낯빛을 보이지 않는 게 보편적이다. 문화 차이긴 하지만 나는 이런 합리적인 음식 주문 방식을 선호한다. 음식 예절은 지키되, 지나치게 치레적인 형식은 배제하는 것이 좋다는 생각이다.

오늘은 여행 마지막 날을 축하하는 의미도 있고, 더 이상 운전해야 할 일도 없고 해서 남편도 음료를 와인으로 주문했다. 와인이 조금 비싸서, 기분은 더더더 마시고 싶었지만 아쉬움으로 잔을 가득 채운 채, 한 잔만 마셨다.

저녁 내내 숙소에서 지난 일정들을 전체적으로 정리하고 귀국할 준비를 했다.

점심 40달러, 기름 25달러

6월 24일(수): 미국 시카고 오헤어 공항 → 한국 인천공항 🚗

호텔의 아침 식사는 풍성했다. 우리나라 사람들이 자주 이용하는지 쌀밥과 한국식 국이 마련돼 있었다. 식사를 마치고 곧장 허츠 공항지점으로 향했다. 반납할 때 기름을 채운다는 조건 때문에 근처의 주유소에 들러 기름부터 가득 채웠다. 공항으로 들어서는 도로는 어디나 그렇겠지만 다소 번잡하고 어수선했다. 다행히 차에 장착된 내비게이션 길찾기가 잘되어 있어서 쉽게 목적지에 도착할 수 있었다.

렌터카 차량들이 늘어서 있는 한쪽에 주차를 하니 관리 요원 한 사람이 다가와 키를 달라고 했다. 차량에 흠집이 났는지 아닌지, 내부 장치에 이상이 없는지, 또는 안이 지저분한지 아닌지 등에는 도대체 관심이 없고 단지 자동차 키만 전해 받고는 가버렸다. 하기야 우린 풀 커버리지Full Coverage라고 할까, 가입할 수 있는 보험이란 보험은 다 들어놓았으니 당연한 일이겠지만 그래도 허전한 느낌! 하긴 문제가 있다면 어차피 보험이 아니면 이미 열어놓은 신용카드로 해결하면 되니 굳이 이런저런 불필요한 일들을 만들 필요가 무에 있겠는가. 제법 합리적인 사고라 여겨졌다.

예약서를 들고 사무실로 갔더니 직원이 주행거리를 물었다. 우린 순간 당황스러워 어물어물거리며 서로의 얼굴만 쳐다보았다. 혹시나 짐 하나라도 차 안에 두고 내릴까 온통 그런 일에만 신경을 썼지 막상 그동안 어느만치 달렸는지에 대한 관심은 아예 두지 않았었기에 계기판 살피는 일은 생각지도 못했었다. 잠시 후 직원이 내주는 반납 영수증에, 내어 줄 땐 1,633마일, 인수할 땐 5,500마일, 총 주행거리는 3,867마일이라 적혀 있어서, '여행 잘 다녀왔느냐' 인사차 묻는, 지나치는 말이었음을 알고는, 뭔가 잘못을 저지른 아이들처럼 당황해 했던 일들이 살짝 무안스럽게 생각되었다.

총 주행거리 3,867마일 6,223㎞, 그러니까 서울과 부산을 여덟 번 왕복해야 되는 그 거리를 남편과 둘이서 장장 36일 동안 때론 티격태격하며 때론 서로 헤죽거리며 그렇게 긴 거리를 달렸다고 생각하니 마음속 뜨거운 감회가 솟아올랐다.

이제 모든 일정이 완벽하게 끝났다. 36일간의 미국 동부 여행이 끝난 것이다.

… 남편과의 미국 동부 여행은 참으로 멋진 경험이었다.

주유 23달러

제2부

블루리지 파크웨이
Blue Ridge Parkway

미국의 동부 애팔래치아 산맥 능선길
755km를 자동차로 내달려 보자!!

블루리지 파크웨이란?

 미국 동부에서 자동차 여행을 즐길 만한 곳은 여러 군데가 있다. 그 중에서 우리나라의 백두대간에 해당하는 애팔래치아 산맥을 따라 장장 755km의 능선길을 달리는 블루리지 파크웨이는 환상적인 드라이브 코스이다. 2013년 한 해에 무려 1,300만에 가까운 방문객들이 이곳을 찾았다니 그 명성을 가히 짐작하고도 남을 만하다. 드라이브 코스라 하더라도 이곳을 찾는 이들이 오토바이를 포함한 자동차 여행객들로만 이루어진 건 아니다. 숲 속에서 휴식을 취하며 자연을 즐기기 위해 캠핑장을 찾는 이들, 파크웨이 아래로 흐르는 제임스 강이라든가 곳곳의 호수에서 보트 타기와 낚시로 여유를 찾는 이들, 자전거 하이킹을 하는 이들, 그리고 비지땀을 흘리며 하루 이틀 정도의 단거리는 물론 때로는 한 달 이상의 걷고 또 걷는 장거리 트레킹을 즐기는 이들 등등이 모두 포함된다.

 블루리지 파크웨이는 비록 편도 1차선의 좁은 2차선 도로이지만 신호등 한 번 만나지 않고 서울과 부산을 왕복하는 만큼의 거리를 신나게 달린다는 그 자체만으로도 운전대를 잡은 이들의 눈과 마음을 즐겁게 하기에 충분하다. 신나게 달린다고 해도 과속이 금물임은 물론이다. 최고 시속이라야 고작 45마일 즉 72km이고, 뱀 허리처럼 굽은 길이나 능선 아래로 오르내리는 교차점 부근 등에선 예외 없이 시속 35마일56km 또는 25마일40km 이내로 달려야 한다. 무리를 지어 신나게 달리는 오토바이족들과 마주칠 때엔 괜스레 기분이 상쾌해지지만 간혹 이름난 멋진 스포츠카들이 규정 속도에 맞추어 거북이처럼 굼실굼실 지나가는 모습을 보게 되면 '어, 참 안됐네!' 싶은 생각이 들기도 한다.

　여행은 각 개인의 취향에 따라 도시의 화려함을 볼 수도 있고, 박물관과 미술관 및 오래된 유적과 교회 등을 찾아다니는 재미와 감흥을 추구하기도 하고, 아니면 이런저런 상품들을 살펴보며 두루두루 돌아보는 쇼핑의 재미를 우선으로 할 수도 있다. 미국의 동부지역을 여행하는 이들 역시 이런 몇 가지 것들에 초점을 맞추어 일정을 짤 것이다. 그러나 미국 동부지역을 자동차로 여행할 계획을 세운다면 한 번쯤 블루리지 파크웨이를 달려볼 것을 권하고 싶다. 자동차 여행의 매력에 흠뻑 빠져볼 수 있는 아주 좋은 장소이기 때문이다.

　도회지에서의 짜증스런 교통 정체 그리고 마냥 달리기만 해야 하는 고속도로에서의 단조로움에서 훌훌 벗어나 길옆의 빽빽한 나무들이 주는 고즈넉한 느낌, 그늘진 숲길과 탁 트인 능선길, 이들을 번갈아 가며 달리는 상쾌한 기분, 수시로 차를 세우고 잠시 쉴 수 있는 전망대, 그리고 그곳에서 바라보는 파노라마와 같이 펼쳐지는 주변 경관들, 이 모든 것들을 조감할 수 있는 파크웨이… 이 길이야말로 심신의 휴식과 평온함을 찾기에 그지없이 좋은 곳이라 할 수 있겠다.

　블루리지 파크웨이 도로는 미국 제3대 대통령인 토머스 제퍼슨의 아버지인 피터 제퍼슨이 1749년 처음 길을 내기 시작하였다. 그러나 지금과 같은 형태

교차점 표지

로의 본격적인 도로 공사는 미국의 대공황을 극복하기 위한 뉴딜 정책의 일환으로 프랭클린 루스벨트 대통령 때 착수하였고 다음 해인 1936년 6월 일단 마무리되었다. 그 후 미진했던 구간들을 비롯하여 남쪽의 체로키 인디언 족 소유지들에 대한 추가 공사가 1966년까지 진행되었고, 마지막 난공사 구간까지 모두 완공하게 된 것은 1987년이다. 장장 52년에 걸쳐 완공한 산악도로이다. 대체로 해발 고도 1,000m에서 1,500m 사이의 능선길을 달리게 되는데, 가장 낮은 곳은 제임스 강을 가로지르는 교량으로서 해발 200m이고, 가장 높은 곳은 1,800m를 약간 웃돈다.

평균 시속 35마일 56㎞로 잠시도 쉬지 않고 달린다 하더라도 전 구간을 종주하려면 14시간 가까이 걸린다. 이 길을 제대로 느껴보려면 단숨에 내달려 한 번에 종주하기보다는 통나무 숙소인 로지lodge나 주변 지역의 숙박업소를 활용하여 2~3일 정도 묵어 지나는 일정이 무난할 것이다. 비록 긴 능선길을 달리지만 중간중간 교차점에서 계곡으로 빠져 나가면 고속도로 또는 주요 지방도로와 이어져 인근 마을과 도시에 머물 수 있다. 또한 도중마다 멋진 풍광을 즐길 수 있는 곳들이 많아 가족이나 친구, 연인, 지인들 간의 조용한 대화와 휴식을 취하기 위한 여행 장소로 더없이 좋다. 무엇보다 이 길의 큰 장점은 중간중간 교차점을 이용하여 다른 곳으로 쉽게 빠져 나갔다 들어올 수 있어서 무리하지 않는 여행 코스로 잡기에 적합하다는 점이다.

미국 동부 렌터카 여행 & 블루리지 파크웨이

미국 서부지역의 웅장하고, 때론 황량하고, 또 때로는 신비하게 느껴지는 자연 경관과 대비해 보면 이 길은 푸른 숲과 트인 능선길로만 이루어져 있어 다소 단조롭다는 느낌이 들 수도 있다. 그러나 아무런 장애물 없이 산길을 이어 달리다가 쉬고 싶을 때면 중간중간 차에서 내려 시야 가득 펼쳐진 광활한 푸름의 세계에 푹 빠져들 수 있고, 그 유명한 애팔래치아 산맥의 형세와 주변 경관을 마음껏 느껴볼 수도 있다. 그런 가운데 자연에 묻혀 며칠 쉴 수 있는 캠핑장, 그리고 비록 소규모이지만 아트센터와 박물관 등을 돌아보고, 운치 가득한 산속 레스토랑에서 식사도 할 수 있어서 자동차 여행자들에게 더없이 풍성한 멋과 즐거움 그리고 낭만을 향유할 수 있게 하는 길이다.

여행 시기

야생화나 꽃 피는 관목들과 같은 연푸른 자연을 보고 싶다면 봄날, 그 중에서도 5월이 좋을 것이고, 진녹색의 울창함을 느껴보고 싶다면 여름이 좋을 것이다. 그러나 무엇보다도 자연이 가장 황홀하게 인간을 유혹하는 계절, 단풍이 들고 지는 가을철이 그 중 으뜸임은 자명하다. 4월 중순과 하순, 그리고 10월 초순과 중순에는 세 계절의 맛을 함께 느낄 수 있어 좋다. 11월부터 이듬해 4월 초까지는 캠핑장과 로지를 비롯한 시설들이 폐쇄되는 수가 많고, 길이 미끄러운 경우도 많아 사진 촬영 등의 목적 이외에는 삼가는 것이 좋다.

구간 및 안내 정보

북쪽 끝에서 남쪽 끝까지 총 469마일 755km로서, 버지니아 주와 노스캐롤라이나 주에 걸쳐 있다. 보통 북쪽 끝에서 출발하여 남쪽으로 종주하기 때문에 마일 표시도 북쪽 끝에서부터 계산한다. 그러나 정반대 방향으로 종주할 수 있을 뿐만 아니라, 도중의 어느 지점이건 교차점으로 오르내릴 수 있고 전구간이 아니라 필요한 구간만 운행하여도 된다.

북쪽 끝 출발지점은 버지니아 주에 속하는데, 셰넌도어 국립공원이 끝나는 곳과 맞닿아 있다. 이곳에서부터 '0마일'로 시작한다. 남쪽 끝은 '469마일' 지점으로서 노스캐롤라이나 주에 속하며, 그레이트스모키 산맥 국립공원의 출발점이자 초입에 해당되는 곳이다. 이곳에는 규모가 꽤 큰 방문객센터가 있는데 블루리지 파크웨이에 관련된 안내는 매우 소략한 편이다. 블루리지 파크웨이와 관련해서는 지도 및 간략한 소개 팸플릿 정도만 갖추고 있을 뿐이고, 나머지 안내 및 전시 자료들의 거의 전부는 그레이트스모키 산맥 국립공원에 대한 것이다.

블루리지 파크웨이에 관해서는 홈페이지 www.blueridgeparkway.org 또는 www.nps.gov/blri에서 자세한 안내 및 내용들을 살펴볼 수 있다. 캠핑장과 숙박시설 예약 등도 연계하여 찾아볼 수 있다. 자동차 운행 중에 필요한 지도와 같은 필수 자료는 파크웨이 길 도중에 있는 여러 방문객센터마다 구비되어 있음은 물론이다.

가장 자세한 안내 자료는 115.1마일 지점에 위치한 버지니아 방문객센터 및 본부 건물에 해당하는 384마일 지점의 블루리지 파크웨이 방문객센터에서 구할 수 있다. 이곳에서 구체적이고 다양한 내용들을 둘러보고 살펴볼 수 있다. 그러나 웬만한 자료들은 북쪽 끝 출발지점에서 불과 5.8마일 떨어진 곳에 있는 첫 방문객센터 Humpback Rocks Visitor Center에서 대부분 받아볼 수 있다. 기다랗게 펼쳐지는 파크웨이 전 구간 지도를 비롯해 이런저런 자료들을 무료로

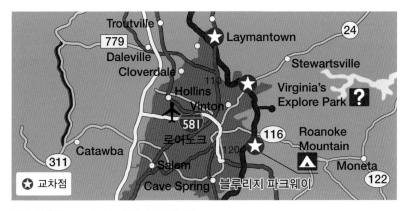

빠져나가서 만나는 도시와 도로번호가 기록된 지도

구해 볼 수 있다.

주유 및 화장실, 통행료

블루리지 파크웨이 통행료는 별도로 없다. 다만 도로에 주유소가 없기 때문에 미리 충분히 기름을 채우고 운행하여야 한다. 기름이 부족하다 싶을 때면 교차점에서 빠져나가 교차점 부근 또는 인근 마을이나 고속도로에 위치한 주유소를 활용하면 된다.

화장실은 도중에 간간이 위치한 방문객센터를 비롯해 이용 가능한 시설들을 활용하는 편이 무난하다. 가족 단위 여행객들을 위해 모여서 식사 등을 할 수 있도록 마련된 피크닉 구역 그리고 캠핑장 등에도 화장실이 마련되어 있긴 하나 대부분 재래식인 곳이 많아 다소 불편한 점이 있다.

숙박

파크웨이 도중에 있는 숙박시설을 이용하려면 86마일 지점에 있는 로지와 408.6마일 지점의 숙박시설 Pisgah Inn을 이용하면 된다. 특히 후자의 경우엔 해발 1,500m가 넘는 곳에 위치하며 전망 좋은 레스토랑도 갖추고 있어 하루쯤 쉬어 가기에 더없이 좋다. 334마일 지점 바로 아래 마을 일명 작은 스위스 Little Switzerland에 있는 숙박시설을 이용하는 방법도 있다. 교차점에서 빠져나가 인근 마을이나, 멀지 않은 곳에 위치한 도시에 있는 숙박시설을 이용하는 방법도 고려해 볼 수 있다. 숲 속에서 밤하늘의 별을 감상하면서 지내려면 캠핑 장비를 갖추고 캠핌장을 활용하면 된다. 이 모든 숙박은 미리 예약하여야 함은 물론인데, 파크웨이 안에서의 숙박은 홈페이지 www.blueridgeparkway.org에서 알아보면 된다.

주변 마을과 도시들

출발점 '0'마일에서 가장 가까운 마을은 웨인즈보로 Waynesboro인데 규모가 작은 편이라서 20마일쯤 떨어진 곳에 위치한 샬로츠빌 Charlottesville에서 묵은 후 파크웨이를 종주하는 방안을 고려해 볼 필요가 있다. 시간 여유가 있다면 반대쪽의 셰넌도어 국립공원을 관통하는 산악도로인 스카이라인 드라이브를 잠시 다녀오는 것도 추천할 만하다.

47마일쯤의 교차점에서 오른쪽으로 내려가면 비교적 작은 규모의 마을이 두 곳 나온다. 그리고 106마일과 122마일 사이의 교차점들에서 오른쪽으로 내려가면 '블루리지의 수도'라고 일컫기도 하는 큰 도시 로어노크 Roanoke를 만

날 수 있다. 파크웨이와 바로 인접해 있을 뿐만 아니라 미술관과 박물관 등의 문화시설도 갖추고 있어 휴식을 위한 중간 기착지로 일정을 잡기에 무난한 편이다.

292마일쯤의 주변에는 노스캐롤라이나 주에서 지대가 높은 곳에 위치한 세 마을인 블로윙 록Blowing Rock, 분Boone, 배너 엘크Banner Elk가 있다.

376마일에서 394마일 사이의 교차점들 오른쪽에 로어노크만큼 큰 도시인 애슈빌Asheville이 근접해 있다. 이 도시는 로어노크와 마찬가지로 가까운 곳에 비행장도 있어 접근이 비교적 용이하다. 미국 최대의 개인 저택인 빌트모어 저택Biltmore Estate을 비롯해, 조금 멀리 떨어진 곳이긴 하나 불쑥 솟아오른 100m 가까운 굴뚝바위Chimney Rock를 구경할 수 있는 등 볼거리가 마련돼 있어 한번쯤 나갔다 들어오는 것도 좋다.

파크웨이 도로 중 가장 높은 고도인 지점은 432마일쯤에 위치해 있다. 여기서부터 마지막 남쪽 끝 지점인 469마일까지는 거리상으로는 그리 멀지 않지만 뱀 허리처럼 굽어 도는 도로들이 많아서, 제한속도도 25마일로 묶여 있는 곳이 거의 대부분이다. 따라서 여행의 피로감이 쌓였거나 일정이 빠듯할 경우 너무 무리하게 달리지 않도록 유념할 필요가 있다. 파크웨이 남단에 위치한 관광객으로 붐비는 체로키Cherokee 마을을 비롯한 인근 도시와 마을에 숙소를 미리 구하지 못한 경우라면, 442마일쯤에 위치한 교차점에서 오른쪽 계곡으로 내려가 웨인즈빌Waynesville 마을에서 휴식을 취하는 방안도 고려해 볼 만하다.

전망대에서의 조망

전망대

　파크웨이 도중 곳곳에 애팔래치아 산맥의 동쪽 또는 서쪽을 전망하며 감상할 수 있는 공간인 전망대가 마련돼 있다. 거의 대부분 도로 바로 옆에 위치해 있기 때문에 자동차 운행을 멈추고 잠시 쉬었다 가기에 좋은 장소이다. 전망대라 하더라도 거의 대부분 화장실이나 매점 등의 편의시설은 물론이고 높이 올라가 볼 수 있도록 돌계단과 같은 별도의 시설은 마련되어 있지 않다. 자동차 몇 대 세울 정도의 빈 공간만으로 이루어져 있지만, 능선길 도로변에 위치해 있기 때문에 시원스레 펼쳐진 들판과 산줄기 및 인근 마을 등을 마음껏 굽어보며 조망할 수 있다.

제한속도

파크웨이 도로 상에서의 제한속도는 시속 25마일40km에서 45마일72km 사이로 되어 있다. 탁 트인 능선길에서는 대체로 45마일을 주지만, 굽은 도로라든가 교차점 부근, 기타 필요한 곳에서는 도로 상황에 맞추어 제한속도를 낮추곤 한다. 파크웨이를 빠져나가 교차점에서 오르내리는 계곡길에도 상당히 가파르고 굽은 도로들이 많아서 제한속도를 줄이기 마련이다. 파크웨이 도로는 갓길이 별도로 없는 왕복 2차선인데 거의 대부분 추월을 금지하는 황색선 두 줄이 도로 가운데 그어져 있어 한 차선으로만 운행한다. 통행 차량이 그리 많지 않

제한속도 표지

고 다들 정해진 속도를 지키며 안전 운전을 하므로 운전상의 위험은 거의 없다. 그러나 같은 속도라 하더라도 오토바이의 경우엔 상대적으로 속도감이 크게 느껴진다. 그래서 오토바이가 뒤따라 올 때는 양보운전을 해줄 필요가 있는데 이때는 달리다가 가까운 전망대에서 살짝 길을 비켜주면 된다.

블루리지 파크웨이 및
주변 볼거리들

들어가기 전에

셰넌도어 국립공원과 스카이라인 드라이브

블루리지 파크웨이 북단 출발지점과 맞닿아 있는 곳으로서 버지니아 주의 북쪽 중앙 지역에 속한다. 블루리지 파크웨이는 공원이 아니라 숲으로 지정돼 있는 곳의 산간 도로이지만, 이와 달리 이곳은 국립공원으로 지정돼 있고 그 안을 남북으로 관통하는 산간 도로의 이름이 스카이라인 드라이브 Skyline Drive 이다. 스카이라인 도로 역시 북에서 남쪽으로 이정표를 계산하므로 마지막 105마일이 끝나는 지점에서 블루리지 파크웨이 '0'마일이 시작된다.

블루리지 파크웨이는 총 구간의 거리가 469마일인 데 비하여 스카이라인 드라이브는 105마일 169km이고, 셰넌도어 국립공원 Shenandoah National Park 내 가장 높은 봉우리의 고도는 4,051피트 1,235m이므로 블루리지 파크웨이와 대비하면 규모가 다소 작은 듯한 느낌을 받는다. 그러나 도로 옆의 울창한 나무숲이라든가 시야와 전망이 좋은 탁 트인 경관을 제공해 주는 전망대를 75군데

세넌도어 국립공원 내 스카이라인 도로에서의 조망

갖추고 있다는 점 등에서 블루리지 파크웨이 못지않은 느낌을 준다. 그런 데다가 워싱턴 DC에서 승용차로 불과 1시간 30분 정도면 북쪽 출발점에 도달할 수 있는 곳이라 찾는 이들이 꽤 많은 편이다. 캠핑장을 이용한 캠핑도 가능하나 야생 곰과 뱀 등의 공격에 주의해야 하고 음식 냄새는 물론 용변의 흔적조차 남기지 않도록 해야 한다.

이 국립공원 안에는 볼만한 동굴이 두 군데 있다. 하나는 스카이라인 도로 출발점 근처에 있는 스카이라인 동굴Skyline Caverns이고, 다른 하나는 32마일쯤의 교차점에서 10분 정도 내려간 곳에 위치한 루레이 동굴Luray Caverns이다. 전자는 숲을 통과하는 기차놀이도 겸할 수 있어 아이들과 함께하기 좋고, 후자는 파이프오르간 모양의 종유석으로 유명한 동굴이다. 세넌도어 국립공원과 스카이라인 도로에는 캠핑장을 제외하고도 세 군데 숙박시설이 마련돼 있으며, 이 중 42마일 지점 부근에는 고도가 가장 높은 지역에 규모가 큰 리조트Skyland Resort가 들어서 있어 편리하다.

몬티셀로 Monticello - 토머스 제퍼슨 대통령의 사저

스카이라인 남단 종점과 블루리지 파크웨이의 북단 출발점이 만나는 지점에서 자동차로 30분쯤 떨어진 샬로츠빌의 외곽에 위치해 있다. 미국 독립선언문을 기초했으며, 철저한 자유주의자로서 제3대 대통령을 역임한 토머스 제퍼슨의 유럽풍 개인 저택이자 정원 겸 농장인 곳이 몬티셀로이다. 몬티셀로는 이탈리아어로 '작은 동산'을 가리키는데, 비교적 높은 지대에 마련한 사저라는 의미이다.

몬티셀로는 토머스 제퍼슨이 20대 젊은 시절부터 평생 동안 디자인하고 손질한 살림집 건물을 중심으로 그 후 소유주가 바뀌면서 지속적으로 보수, 수리 및 복원되어 왔다. 이 저택과 더불어 버지니아 대학이 함께 미국 건축의 역사적 의의를 지님으로써 유네스코 유적지로 지정되었는데, 현재 이 건물은 개인 저택 박물관으로서 개방되어 관람할 수 있게 되어 있다. 토머스 제퍼슨을 비롯한 이들의 묘지, 그리고 노예들의 숙소를 포함해 300평 넓이의 주건물은 물론 널따란 경지를 둘러볼 수 있다. 경지의 면적은 동양 최대의 풀밭이라 하는 대관령 삼양목장만 한 크기로서 600만 평이 넘는다. 저택의 주 건물은 기념우표 및 2달러짜리 지폐의 도안에 채택되기도 하고, 유사한 형태의 건축물이 지어지는 등 꽤 널리 알려져 있다.

홈페이지는 www.monticello.org이다.

블루리지 파크웨이 구간

0~100마일 사이

험백 록스 방문객센터 Humpback Rocks Visitor Center와 농장 Farm

블루리지 파크웨이 북단 출발점으로부터 5.8마일 지점에 있는, 처음에 만나게 되는 방문객센터이다. 버지니아 주에 속하며 오전 10시에 문을 연다. 기다랗게 펼쳐지는 파크웨이 지도를 비롯해 여러 가지 안내 자료를 얻을 수 있으며, 바로 옆에 인접한 오래된 19세기 농장들과 작은 규모의 농장박물관도 둘러볼 수 있다. 이곳의 주차장에서 약 1.2km 트레일 코스를 따라 올라가면 낙타의 혹처럼 생긴 바위 Humpback Rocks 정상에 가 볼 수 있다. 이 바위는 인근 지역 일대의 이정표 역할을 해 왔을 뿐만 아니라 바위 모습이 아름다우며 이곳에서 내려다보는 전경 또한 일품이다.

험백 록스 방문객센터

제임스 강 주변 피크닉 장소

제임스 강 James River 주변

60~64마일 지점에 있는 제임스 강 주변 일대는 낚시와 하이킹, 피크닉, 캠핑 등을 즐기기에 적합한 곳이다. 이 강은 버지니아 주에서 가장 긴 강으로서 역사적으로 중요한 운송로였다. 산악 지대를 관통해 흐르는 까닭에 이 일대의 산촌 농부들로 하여금 고립해서 생활하지 않도록 해준 소통의 통로이기도 했다. 19세기 중엽 이래 철도가 확장되면서 점차 쓸모가 없는 존재로 변하였으나 당시의 운하와 수문들을 복원하여 볼거리로 만들어 놓았다.

제임스 강을 가로지르며 높게 설치된 철교가 나름대로의 웅장함과 아름다움을 선사해 준다. 강 위 다리도 멋지지만, 강을 낀 산책로는 쉼의 여유를 한껏 느껴볼 수 있는 곳이다. 편안하게 앉아서 챙겨간 맛난 음식을 먹을 수 있는 피크닉 장소도 마련되어 있다. 방문객센터도 있는데 월요일과 화요일에는 문을 열지 않는다.

오터 봉우리들 Peaks of Otter

86마일 지점에는 세 봉우리와 호수를 갖추고 있어 주변 경관이 마치 한 폭의 그림 같은 곳이 펼쳐진다. 호수를 벗하며 하루 정도 쉬어 갈 수 있는 숙박시설인 로지와 캠핑장이 마련되어 있으며 방문객센터와 식당 시설이 자리 잡고 있다.

8,000년 전부터 인간이 거주해 온 곳으로서 19세기 중엽에 이미 마을 공동체가 형성되어 휴양 숙박시설을 갖추고 있었다고 하며, 오래된 농장도 잔존해 있다. 토머스 제퍼슨 대통령 이래 많은 사람들이 경관 좋은 휴양지로 널리 찾던 곳이기도 하다.

인근의 산꼭대기인 Sharp Top 아래의 1,500피트457m 지점까지 운행하는 유료 셔틀버스가 있다. 10월에는 거의 매일 운행하나 봄과 여름철엔 월요일과 화요일에 운행하지 않는다.

101~200마일 사이

로키 노브 Rocky Knob와 마브리 방앗간 Mabry Mill

169마일쯤에 있는 로키 노브는 주로 캠핑을 위한 장소 및 휴식처로 마련된 곳이다. 레저용 차량들이 많이 이용하며 가까운 곳으로 하이킹을 다녀오기에도 적합한 장소이다.

이곳에서 조금 떨어진 곳 176마일 지점에 있는 마브리 방앗간은 1910년부터 실제로 마브리 씨 내외가 거주했던 곳으로 물레방아를 이용해 곡식을 갈고 나무를 켜는 등 제분소와 제재소 기능을 하던 건물이다. 대장간 역시 원래의 모습을 그대로 보여 준다. 1945년에 국립공원 관리사무국에서 보수하고 주변

마브리 방앗간

조경을 손질하여 아담하면서도 예쁘게 꾸며 놓았다. 마브리 방앗간 건물은 블루리지 파크웨이를 대표하는 건물 중의 하나가 되었으며, 주변 일대는 관광 명소로 자리 잡게 되었다. 근래에는 주일마다 음악과 춤을 공연하는 사람들이 모여 실연하는 문화 공간으로서 기능하기도 한다.

  잘 다듬어진 풀밭을 비롯한 주변 경관은 물론이고 수로를 따라 흐르는 물과 물레방아 돌아가는 모습, 또 때로 곡식을 갈고 통나무를 켜며 목제 가구를 다듬는 모습 등을 직접 살펴보는 재미가 쏠쏠하다. 예전의 애팔래치아 산맥 일대의 산간마을에 살던 당시의 통나무집을 옮겨 와 복원한 것도 있으며, 식당과 간소한 기념품 가게도 겸하여 갖추고 있어 잠시 쉬어 가기에 매우 좋은 곳이다.

201~300마일 사이

블루리지 뮤직센터 Blue Ridge Music Center

산 속에 웬 뮤직센터인가? 이렇게 반문하기 쉽다. 그러나 블루리지 파크웨이 일대는 궁벽한 산촌마을로 둘러싸여 있음에도 불구하고 오히려 그 가운데에서 이름난 음악가와 댄서들 및 악기 제작자들이 어울려 전통 음악을 만들어 내고 유지해 온 곳으로 유명하다. 아프리카의 밴조 리듬과 유럽의 바이올린 선율이 자연과 어우러져 미국 내 독특한 음악을 생성해 온 진원이자 중심지이다.

미국 음악의 산실이라 할 만한 이곳에 음악박물관을 비롯해 공연장 등의 시설을 갖춘 블루리지 뮤직센터가 213마일 지점에 있다. 매일 오후 시간에 4시까지 바이올린과 밴조 및 기타 반주에 맞춘 공연을 감상할 수 있으며, 주말엔 야외 원형공연장에서 콘서트 연주를 자연 경관과 함께 즐길 수 있다. 날이 차가운 가을철에는 실내에서 연주가 이루어진다. 산 속의 푸르름 속에서 경쾌한 음악과 함께 자연을 만끽하기에 안성맞춤인 곳이다. www.blueridgemusiccenter.org에 공연 일정표 등이 자세히 소개된다.

파크웨이 공사 시작점과 산간마을

블루리지 뮤직센터를 지나 4마일쯤 더 간 216.9마일 지점이 버지니아 주와 노스캐롤라이나 주의 경계선이다. 경계선에 바로 인접한 노스캐롤라이나 주 쪽의 땅인 217.5마일 지점의 컴벌랜드 노브 Cumberland Knob에서 1935년 파크웨이 도로 건설공사가 시작되었다. 이곳은 휴식하기에 적합한 공간이며, 여기서 조금 떨어진 218.6마일 지점의 폭스 헌터스 패러다이스 Fox Hunters Paradise

는 짤막한 산책길인데 사냥꾼들이 계곡 아래에서 사냥개가 짖는 소리를 듣기 좋은 곳이라 하여 붙여진 이름이다.

238.5마일 지점에는 통나무집Brinegar Cabin이 한 채 보존되어 있다. 이 통나무집은 1880년에 지은 집으로서 두 내외가 3명의 자녀들과 더불어 1930년대까지 살았던 곳이다. 이 집에서부터 약 5마일에 걸친 왼편 숲은 도턴 공원Doughton Park이 된다. 이 공원은 파크웨이 건설의 열렬한 지지자들 중의 한 사람이었던 로버트 도턴Robert L. Doughton의 이름을 딴 것으로서 하이킹과 피크닉, 캠핑 등을 하기에 적합한 장소이다.

258.6마일 지점에서 오른쪽으로 약간 벗어난 곳에 인근 지역의 공예품들과 약간의 먹거리를 파는 건물Northwest Trading Post, 지금은 Salley Mae's on the Parkway라고도 함이 있다. 그리고 272마일 지점엔 작은 폭포 또는 통나무집과 교회로 이어지는 산책길을 가진 작은 규모의 공원E. B. Jeffress Park이 자리 잡고 있다.

290마일에서부터 303마일 사이의 지역은 해발 1,000m가 훨씬 넘는 고산지대로서 노스캐롤라이나 주에서 일명 고산마을High Country로 불리기도 한다. 이곳에 위치한 세 마을 블로윙 록, 분, 배너 엘크 중 분에는 애팔래치아 연구를 중심으로 하여 산간 문화의 과거와 현재 및 미래 탐구를 모토로 하는 애팔래치아 주립대학이 위치해 있고, 블로윙 록은 파크웨이 도로에 접해 있어 들르기에 편리하다.

전설의 바위 블로윙 록Blowing Rock

블로윙 록 마을은 '(거꾸로) 바람 부는 바위'라는 전설을 지닌 바위에서 유래한 이름이다. 이 바위는 계곡 위로 불쑥 튀어나와 솟아오른 바위로서 해발 1,200m에 있는데 바위 끝에 걸터앉거나 엎드려 아래를 굽어보면 허공에 매

블로윙 록

달린 듯해서 현기증이 날 정도로 아찔한 느낌을 준다. 이 바위에는 젊은 남녀의 슬픈 이야기가 전설로 전해 내려온다.

　오래전 어느 인디언 추장이 자기 딸을 백인들의 눈길에서 벗어나도록 하기 위해 멀리 평원으로부터 이곳에까지 이동해 왔다고 한다. 어느 날 그 추장의 딸은 이 바위의 계곡 아래에서 활을 쏘며 노니는 젊은 용사를 훔쳐보게 되었고, 그때부터 비운의 운명적 사랑이 시작되었다. 그 젊은 용사는 추장의 집으로 찾아와 자기 부족의 노래를 부르며 구애를 하였고, 둘은 불같은 사랑에 빠져들었다. 그러나 젊은 연인들의 순정을 시기해서인지 어느 날 두 연인이 이 바위에 앉아 있을 때 갑작스럽게 하늘이 붉게 변하였다. 이것이 곧 돌아오라는 부족의 신호임을 간파한 젊은 용사는 자기 부족에게 돌아가려 하였다. 그러나 가지 말라는 여자의 간청에, 부족에 대한 의무와 연인에 대한 애끓는 사랑의 번민, 그 고통을 감내할 수 없어 마침내 바위 아래 깊숙한 계곡으로 몸을 던지고 말았다. 사랑하는 이를 잃은 여인은 매일 이 바위를 찾아와 신에게 빌고 또 빌었다. 그러던 어느 날 땅거미가 질 무렵 저녁노을과 함께 일진광풍이 난데없이 불었고, 그 바람을 타고 계곡 아래로부터 그리던 사내가 바위 위로 훌쩍 올라왔다고 한다.

한겨울에는 눈발이 이 바위 밑으로부터 거꾸로 위로 올라오곤 하는데 이것이 바로 이 전설에서 일러주는 바와 같다고 한다. 이 바위는 마을의 중심가에서 조금 떨어져 있는데, 매표소가 달린 건물 안을 통해 입장하게끔 되어 있다. 건물 안쪽으로 자그마한 기념품 가게와 간략하게 식사를 할 수 있는 공간이 마련되어 있다.

모지스 콘 Moses H. Cone과 줄리언 프라이스 Julian Price 기념공원 Memorial Park

블로윙 록 마을에 인접해 있는 두 공원은 각각 294마일과 297마일 지점에 있는데 블루리지 파크웨이에서 일반인들에게 휴식처로 제공된 가장 큰 규모의 공원이다.

모지스 콘 기념공원 입구

모지스 콘 기념공원은 이 일대의 500만 평 가까운 숲과 호수 등의 너른 땅과 집을 소유하고 거주했던 직물업계 사업가이자 자선가인 모지스 콘이 국립공원에 기증하여 만들어진 곳이다. 저택 건물은 23개의 방을 갖추고 있으며, 편평한 옥상을 갖춘 2층 건물로서 그 외관과 정면 입구 등이 매우 시원스럽고 아름답다. 특히 1층의 홀에는 여러 가지의 수공예품들이 전시되어 있어 보는 것만으로도 기분이 좋아진다. 직접 판매도 한다.

모지스 콘 저택

확 트인 주변 풍경과 함께 너른 산림지역으로서 산책과 하이킹, 크로스컨트리스키, 그리고 특히 승마 등을 즐기기에 적합한 곳이다.

줄리언 프라이스 기념공원은 모지스 콘 기념공원과 맞닿아 있으며 그랜드파더 산의 기슭에 위치해 있다. 보험회사 운영자였던 줄리언 프라이스가 종업원들을 위해 휴양지로 사들였다가 1946년에 일찍 죽음으로 인해 그 후 국립공원에 기증한 곳인데, 고인의 유지에 따라 일반인들을 위한 휴양지로 조성한 곳이다. 500만 평이 넘는 땅에 100군데의 피크닉 장소를 비롯해 여러 캠핑장, 화장실, 300명을 수용하는 원형극장, 그리고 산책로와 트레킹 코스들이 마련돼 있다. 댐을 막아 조성하여 그의 성을 딴 프라이스 호수Price Lake에서는 카누를 대여해 주고, 보트 놀이와 낚시를 즐길 수 있다.

301~400마일 사이

흔들다리 Mile High Swinging Bridge와 그랜드파더 산 Grandfather Mountain

300마일 부근에서부터 305마일 사이 파크웨이 도로는 그랜드파더 산의 남쪽 경사면을 관통한다. 할아버지로부터 물려받은 산이라는 뜻에서 '할아버지 산'이라고 이름 붙인 이 산은 블루리지 산맥의 오른쪽 줄기 중에서 가장 높은 산으로서 해발 5,946피트, 즉 1,812m에 이른다. 파크웨이를 자동차로 운행하는 중에는 높은 산의 한쪽 경사면을 통과하고 있다는 사실을 거의 느끼기 어려우나, 이 산은 여러 가지 다양한 모습과 생태계를 살필 수 있어 그냥 지나치기 아까운 면이 있다. 305마일 지점에서 잠시 벗어나 매표소가 있는 정문을 통과해야 입산할 수 있으며, 정문에서 흔들다리가 있는 곳의 주차장까지는 4km로 자동차로 운행할 수 있다.

우선 널리 알려진 명소 중의 하나는 흔들다리이다. 산봉우리로 오르는 길 도중 양쪽 바위에 걸쳐 연결한 현수교이다. 양쪽 바위 사이는 푹 꺼진 계곡이다. 다리는 총 길이 70m로서, 자그마치 해발 1마일 5,280피트, 1,609m 높이에 세웠다는 데에서 'Mile High'라는 이름을 앞에 덧붙였으며, 바람에 흔들흔들한다는 점에서 'Swing'을 붙여 작명한 다리이다. 이 산의 정상 부근은 미국 동부 일대에서 바람이 가장 세기로 이름난 곳이기도 하다. 흔들다리는 1952년에 건조되었고, 1999년에 원래의 다리를 바탕으로 재건조하는 과정에서 아연 도금을 함으로써 인부들이 다리 난간에 매달려 페인트칠 작업을 하지 않아도 되도록 조치하였다.

이 산은 원래 개인 소유였던 까닭에 노스캐롤라이나 주에서 사들여 주립공원을 만들었으며, 원 소유자 집안에서는 별도의 재단을 만들어 관광 및 교육적 효과를 발휘하도록 도모하고 있다. 흔들다리 외에도 여러 가지 광물과 수달을 비롯한 야생 동식물들을 볼 수 있는 자연박물관, 피크닉 장소 등은 물론 북미산 사자와 흑곰, 흰머리독수리, 흰꼬리사슴 등이 서식하는 자연 생태계도 일곱 군데 갖추고 있다. 또한 오르기 힘든 바윗길에는 목제 사다리를 설치하여 주변 경관을 조감하면서 스릴을 만끽할 수 있도록 배려한 곳도 있다. 산 아래 기슭에는 18홀 구간 2개를 갖춘 골프장도 있다. 홈페이지는 www.grandfather.com이다.

린 코브 고가다리 Linn Cove Viaduct

그랜드파더 산의 경사면 위에 S자 형으로 굴곡지게 세워진 콘크리트 고가다리는 304.4마일 지점에 있는데 블루리지 파크웨이를 대표하는 상징물로 많이 활용된다. 시원하게 달리는 굽은 도로인 데다가 계절에 따라 옷을 달리 입는 경사면의 숲 모습이 매우 인상적이다. 전체 길이는 불과 1,243피트379m이나, 난공사 구간으로서 9년의 기간이 걸렸고 1987년 파크웨이 도로 공사의 마지막을 장식하였다. 환경보존을 위하여 한 개에 50톤이나 하는 콘크리트 구조물을 미리 만들고 이것을 운반해 총 153개의 구조물을 연결해 만든 구름다리이다. 다리를 받치는 기둥에 대한 공사 이외에는 모두 공중에 매달려 작업을 해야 하는 위험한 어려움이 따랐다. 자연을 보호하기 위한 배려에서 다리를 설계하고 완성하기까지 힘을 아우른 모든 사람들의 정신과 마음가짐이 고스란히 담겨 있는 곳이다.

다리가 끝나는 남쪽 지점의 방문객센터에 공사와 관련된 자료들을 열람할 수 있도록 하였다. 다리 위를 자동차로 운행하는 중에는 교량이라는 느낌을 받기 어렵다. 다리 중간에는 차를 세울 곳이나 휴식할 만한 공간이 없으므로

린빌 폭포

서행하면서 주변 경관을 감상해야 한다.

린빌 폭포 Linville Falls와 동굴

린빌 폭포는 파크웨이 도로 316.4마일 지점에서 잠시 벗어난 곳에 있다. 방문객센터와 주차장이 있는 곳에서 두 폭포를 조망할 수 있는 네 지점까지는 대체로 1마일 안팎의 거리로서 숲길로 이루어진 산책로가 이어진다. 보통 폭포라 하면 거대한 물줄기를 내려뜨리는 모습을 연상하기 쉬운데, 이곳은 그런 모양과는 다소 동떨어진, 세 단계로 층을 이루며 나뉘어 떨어지는 비교적 작고 아담한 규모의 폭포들이다.

그랜드파더 산의 가파른 경사면에서 흘러내리는 물들과 인근의 시냇물들이 모여 린빌 강을 형성하여 이곳에 이르며, 이곳으로부터 최초의 야생보호 지역으로 선포된 린빌 계곡Linville Gorge이 시작된다. 이 계곡은 비록 규모 면에서는 비교가 안 될 정도로 작지만 일명 '애팔래치아 산맥 남쪽에 있는 그랜드캐니언'으로 통할 정도로 아름다운 면을 간직하고 있다. 폭포 자체의 경관만으로는 약간의 실망이 안겨지는 곳이지만 폭포를 어느 쪽에서 보느냐에 따라 물살의 정도를 강하게 혹은 약하게 느낄 수 있으며, 폭포와 어우러진 숲 경관이 좋은 곳이다. 폭포로 오가는 길이 내내 숲길이라 생각이 맑아지기 충분한 곳이다.

린빌 동굴 Linville Caverns은 파크웨이 도로 316.4마일 교차점에서 남쪽으로 221번 도로를 따라 4마일 정도 떨어진 곳에 위치해 있다. 송어가 바위틈으로 드나드는 것을 본 낚시꾼들에 의해 우연히 1822년에 발견된 석회암 동굴로서, 남북전쟁 때에는 도망병들이 숨어들어와 살기도 했던 곳이다. 이산화탄소를 머금은 물이 여러 가지 형태의 종유석과 석순들을 만들고 기둥, 물결, 담집, 고드름 등과 같은 다양한 모습을 보여 준다. 동절기에는 동면하는 박쥐들을 관찰할 수도 있다. 30분가량의 안내로 관광할 수 있으며, 파크웨이를 둘러싼 산들의 지하 모습을 들여다보기에 좋은, 기념품 상점을 갖춘, 노스캐롤라이나 주 유일의 일반 공개 동굴이다.

광물박물관 Museum of North Carolina Minerals, 미첼 산 Mount Mitchell, 크래기 가든 Craggy Garden

331마일 지점엔 규모가 다소 작긴 하나 300가지가 넘는 광물 및 보석들을 전시하고 있는 광물박물관이 위치해 있다. 광물 산지 현장에 있는 박물관이라는 점에서 색다른 의미를 지니고 있을 뿐만 아니라, 지역 상공회의소에서 식당과 숙박 등 여러 가지 사업 안내와 관광 명소 등을 소개해 주는 방문객센터를 주관하고 있다. 박물관이 자리 잡고 있는 지점은 미국 독립전쟁 때 산 위마을의 전사들이 이곳을 통과하여 영국군을 격퇴함으로써 전환점을 마련한

미첼 산 정상 전망대

곳이므로 9월 중순엔 당시의 복장을 한 퍼레이드를 벌이기도 한다.

334마일 지점에서 인접한 곳에는 작은 스위스Little Switzerland라고 불리는 마을이 있다. 여기저기 둘러볼 장소들이 있을 뿐만 아니라 파크웨이 도로에서 잠시 벗어나 식사 및 휴식을 취하기에 좋다.

339.5마일 지점에서는 왕복 1마일 정도의 오솔길을 따라 크랩트리 폭포 Crabtree Falls를 다녀올 수 있다. 이 폭포는 노스캐롤라이나 주에 속해 있는데, 버지니아 주에 속한 똑같은 이름의 폭포만큼 규모가 크지는 않으나, 주변이 초원으로 피크닉과 하이킹을 위한 장소로 적합하며 캠핑장도 마련되어 있다.

354마일쯤의 블랙 마운틴 갭Black Mountain Gap 교차점에서 128번 도로를 따라 20~30분가량 가파르게 올라가면 미시시피 강 동쪽에서 제일 높은 산인 미첼 산의 정상에 이른다. 해발 6,699피트2041m인 이 산 일대는 노스캐롤라이나 주의 주립공원으로 지정돼 있는데, 정상 부근에는 사방을 둘러볼 수 있는 둥근 전망대를 비롯해 전시실과 식당, 캠핑장 등이 갖춰져 있다.

364.6마일 지점에 있는 크래기 가든은 특히 6월 중순부터 하순 사이에 핑크 빛과 자주색의 꽃들이 만발한 진풍경을 만나보게 되는데, 울퉁불퉁한 바위투성이인 곳에서 너도밤나무, 자작나무와 침엽수 등을 비롯한 나무들에 둘러싸인 일종의 야생 정원이라 해서 이름 붙여진 곳으로 피크닉 장소로 유명하다.

민속공예품 센터

민속공예품 센터 Folk Art Center 및 방문객센터

382~384마일 지점에 있는 이 두 곳은 블루리지 파크웨이에 인접한 가장 큰 두 도시 중의 하나인 애슈빌의 도심에서 불과 10여 분 정도면 도착할 수 있어 파크웨이 도로변에 위치해 있으면서도 근접성이 매우 뛰어나다. 382마일 지점에 있는 민속공예품 센터는 역사가 오래며 규모 또한 큰 편이다. 세 개의 전시실을 비롯해 도서관과 상점 및 파크웨이 안내소를 겸하고 있으며 로비에서 장인이 공예품을 만드는 실연을 보여 주기도 한다. 남부 애팔래치아 지역의 각종 공예품들, 이를테면 장식도자기, 보석류, 목공예품, 비누, 유리공예품 등 장인과 예술가들이 직접 만든 공예품들이 전시 및 판매된다. 아름답고 정교한 물품들이 많아 한두 개쯤 사고픈 마음을 누르기 힘든 곳이다. 연중 무료로 개방하고 있다.

384마일 지점에는 블루리지 파크웨이 본부가 자리 잡고 있다. 본부 건물과

블루리지 파크웨이 본부 방문객센터

방문객센터를 비롯해 파크웨이 관리 요원들의 각종 장비 및 차량들이 주차되어 있는 모습을 볼 수 있다. 블루리지 파크웨이와 관련한 볼거리, 먹거리, 놀거리, 쉼터 등의 모든 정보를 직접 찾아볼 수 있고, 안내소 직원을 통해 알아볼 수도 있다. 매우 친절하게 설명하고 안내해 준다. 7m에 가까운 긴 파크웨이 지도가 걸려 있고, 고화질의 영상물을 제공하는 등 시설 및 규모, 내용 면에서 단연 본부 역할을 하는 곳이다.

미국 최대의 개인 저택 빌트모어 저택 Biltmore Estate

서울 여의도 면적87만 평의 11배가 넘는 1,000만 평에 가까운 너른 땅에다가 250개의 방을 갖춘 주 건물Biltmore House을 갖고 있는 빌트모어 저택은 규모 면에서 놀랄 만한 개인 저택 및 정원이다. 19세기 말에 프랑스의 샤토풍을 바탕으로 지은 주 건물은 지붕을 뾰족한 첨탑으로 지었으며 4층으로 구성되었는데 미국 내에서 손꼽는 건축물 중의 하나다.

대공황 시기에 운영상의 재정난을 덜기 위해 1930년부터 일반에게 공개하기 시작하였으며, 현재 세 종류의 숙박시설을 예약제로 운영하고 있다. 저택 및 정원을 두루 돌아보려면 하루 종일 발품을 팔아야 한다. 하루 입장권은 방문 및 구입 시기에 따라 약간 차이가 있으나 성인에게만 1인당 60달러 정도이다.

굴뚝바위 Chimney Rock

블루리지 파크웨이 본부에서 조금 벗어나 74A 도로를 따라 25마일쯤 내달리다 보면 주립공원에 이르게 된다. 이 공원은 원래 개인 소유였던 땅을 포함해 노스캐롤라이나 주에서 인근 지역을 사들여 2007년부터 소유권을 주에서 갖게 된 곳이다. 불쑥 솟아오른 100m 가까운 화강암 바위가 대표적인 명소라서 일명 '굴뚝바위 공원'으로 불린다. 화강암 바위까지 갈 수 있도록 계단을 만들어 놓았으며 바위에 이르는 마지막 구간은 허공에 뜬 현수교를 건너게 되어 있다. 바위 꼭대기에 미국 국기인 대형 성조기를 꽂아놓은 것이 인상적이다. 바위에 오르면 파크웨이의 동쪽 경사면을 따라 펼쳐지는 계곡의 전경과 근처의 호수 Lake Lure는 물론 멀리 100km까지 시야가 탁 틔어 있어 장관을 이룬다. 바위 위로 오르내릴 수 있도록 바위 속에다가 수직으로 굴을 뚫고 엘리베이터 시설을 만들어 놓기도 하였는데 안전을 이유로 우리가 가려고 했을 때는 보수 중이었다.

이 공원의 면적은 총 833만 평인데, 산 정상에서부터 떨어지는 123m 높이의 폭포는 물론 절벽 바위의 경사면을 따라 난간을 설치하고 전망대를 마련한 곳도 있고, 트레킹 코스와 암벽등반 코스 등도 갖추고 있다.

홈페이지 www.chimneyrockpark.com를 통해 바위와 공원에 대해 자세히 살펴볼 수 있다.

노스캐롤라이나 수목원 North Carolina Arboretum

393마일 지점 교차로에서 경사면을 따라 내려가자마자 왼쪽 편에 위치해 있는 수목원으로 전체 면적의 15%에 해당되는 8만 평의 인공 정원이 무척 아름답다. 여러 종류의 수목을 모아놓은 곳과 하이킹을 위한 길과 자전거 길이 마련돼 있어서 잠시 쉬면서 식물의 세계에 푹 빠져드는 즐거움을 가득 느껴볼 수 있는 곳이다. 입장료는 무료이고, 주차비만 받는다.

피스가 산 Mount Pisgah

408.6마일 지점에 있는 피스가 산은 모세가 약속된 땅을 처음으로 보았다는 성경에 나오는 산 이름을 딴 것이다. 이 산은 해발 5,721피트 1,744m로서 정상에 103m 높이의 텔레비전 송신탑이 세워져 있다. 산 정상 밑의 주차장에서부터 2.4km의 트레일을 따라 올라가면 정상에 다다른다.

피스가 산 정상으로 가는 도로는 407마일 지점에 있으나 여기를 지나 조금

피스가 산 식당에서

미국 동부 렌터카 여행 & 블루리지 파크웨이

더 간 408.6마일 지점에서 반대편에 숙소와 식당을 비롯해 캠핑장 등의 휴식 공간이 마련되어 있다.

피스가 산 정상에서 사방을 둘러보는 즐거움이야말로 더 말할 나위 없겠으나, 피스가 산을 둘러싼 국립 삼림지역 안에서 두드러진 명소인 일명 '거울바위 Looking Glass Rock'를 바라보는 관경 또한 손꼽을 만하다. 거울바위의 고도는 불과 해발 1,210m에 지나지 않으나 자그마치 265m 높이의 화강암 바위가 불쑥 솟아오른 데다가 그 너비 또한 1km를 넘어 태양이 이 바위를 비출 때면 그야말로 거울처럼 반사하는 모습이 신비로울 정도다. 피스가 산 부근의 파크웨이에서는 어느 곳에서든 잘 볼 수 있으나 특히 417마일 부근의 전망대에서 보는 광경이 뛰어나다.

최고도 도로와 워터록 노브 Waterrock Knob

432마일 부근 지점에서는 블루리지 파크웨이 도로 중 고도가 가장 높은 장소를 지난다. 해발 6,047피트 즉 1,843m이다. 우리나라 한반도의 최고 지붕이라 하는 개마고원의 평균 높이가 1,340m이므로 결국 개마고원 높이의 산악도로를 한반도의 북쪽 끝에서 남쪽 끝인 남해안까지 줄곧 자동차로 달리는

블루리지 파크웨이 최고도점

터널 높이 제한 표지

워터록 노브

길이 바로 블루리지 파크웨이 도로라 하겠다.

　이곳에서부터 파크웨이의 남단인 469마일까지는 급격히 굽은 도로가 많을 뿐만 아니라 비록 길지는 않지만 터널을 통과해야 하는 곳도 적잖다.

　파크웨이 중 가장 높은 곳에 위치한 방문객센터가 있는 곳은 워터록 노브로서 451.2마일 지점 부근에 해당한다. 이 일대의 정상까지는 왕복 1마일 정도로 다녀올 수 있는데 이곳 주변은 애팔래치아 산맥을 이루고 있는 여러 산봉우리들을 한눈에 조감할 수 있으며 일출과 일몰이 아름다운 곳이다. 체로키 인디언 동부연맹 부족이 이곳 일대에 자리 잡았던 곳이기도 하며, 이곳에서부터 남서 방향으로 지금도 체로키 인디언 보호구역이 넓게 지정되어 있다.

남쪽 끝 종착점

　457마일쯤부터는 숲으로 둘러싸인 긴 내리막길을 달리게 된다. 그리고 마침내 블루리지 파크웨이는 마지막 남쪽 끝 469마일 지점에서 남북 종단 대단

오코널루프티 방문객센터

원의 막을 내린다. 파크웨이가 끝나는 지점에서 곧바로 넓게 자리 잡은 오코널루프티 방문객센터Oconaluftee Visitor Center, 그리고 방앗간과 농장 박물관을 만나게 된다. 이 세 곳은 서로 연이어 있으며, 그레이트스모키 국립공원의 시작점이기도 하다. 오코널루프티Oconaluftee는 근처를 흐르는 강의 골짜기 일대를 일컫는 이름이다.

이 방문객센터는 그레이트스모키 국립공원을 찾는 이들을 위한 곳이라서 블루리지 파크웨이에 관한 안내 자료는 무료로 배포하는 기다란 지도뿐이다.

블루리지 파크웨이를 나오면서

체로키Cherokee 인디언 마을

노스캐롤라이나 주의 서쪽 끄트머리에 해당하는 지역에 체로키라는 마을이 있다. 규모는 작은 편이지만 도로 양쪽으로 모텔을 비롯한 숙박업소들이 즐비하게 늘어서 있고 인디언풍의 색조가 강한 기념품점들이 곳곳에 자리하고 있는, 마치 마을 전체가 관광지인 듯한 느낌을 주는 곳이다. 이 마을과 그레이트 스모키 국립공원의 출발점에 해당하는 오코널루프터 방문객센터를 중심으로 남북으로 길게 뻗은 구역이 체로키 인디언 보호구역 Cherokee Indian Reservation인데, 일명 쿼알라 경계지대 Qualla Boundary라고도 한다. 이 구역의 북동쪽 모서리가 앞서 말한 블루리지 파크웨이의 워터록 노브이며, 북서쪽 모서리는 그레이트스모키 국립공원 안에 해당되며, 남단은 브라이슨 시티 Bryson City 근처까지이다.

　마을의 중심부에 있는 체로키 인디언 박물관에서는 체로키 인디언들의 조상에 관련한 여러 다양한 자료들을 볼 수 있다. 특히 1830년대에 이 지역에서 살던 체로키족이 추방되어 멀리 미국의 중부 오클라호마 주까지 2,000km 가까이 '눈물의 고난길 Trail of tears'을 걸어서 이동했을 때의 이야기는 가슴 먹먹

체로키 문자가 새겨진 곰 사진

미국 동부 렌터카 여행 & 블루리지 파크웨이

해지도록 안타깝고 슬픈 내용으로서 당시의 여러 관련 자료들이 전시되어 있다. 그 무리에서 다행히 도망하여 살아남은 이들에 관한 자료들, 그 중에서도 특히 불을 숭상하는 그들의 특징과 활활 타오르는 불길을 그린 듯한 체로키 문자 등이 소개된다. 박물관 맞은편에 자리한 여행 안내센터에서도 관련 자료 및 안내를 일부 받을 수 있다. 마을의 중심부에서 조금 벗어난 곳에는 인디언 민속촌Oconaluftee Indian Village이 있어 입장권을 구입해 들어가 관람할 수 있다. 이 민속촌은 18세기 중엽의 삶의 방식을 재현한 곳으로서 당대인들이 수공예품과 무기를 만들어 쓰며 살던 모습들을 살펴볼 수 있으며 춤과 음악이 어우러진 공연도 열린다.

그레이트스모키 산맥의 기슭 일대를 중심으로 기원전 2000년경에 이미 광범위한 지역에 걸쳐 인디언 부족이 거주해 왔다고 한다. 이들은 16세기 중엽에 스페인 정복자들이 몰려오면서 특히 질병과 전염병으로 인해 고통을 받았고, 1830년대 또다시 미국의 추방 정책에 의해 고난의 길을 걸어야 하는 슬픔을 겪었다. 현재 이곳 7,000만 평가량의 인디언 보호구역에 거주하고 있는 이들을 체로키 부족 동부연맹Eastern Band of Cherokee이라 부르는데 그 인구수는 대략 1만 2,000명이라 한다.

그레이트스모키 산맥 국립공원 Great Smoky Mountains National Park

짙은 안개와 울창한 숲으로 뒤덮인 이 국립공원은 생태계의 보물창고라 할 만한 곳이다. 수목의 종류가 북유럽보다 더 많고 야생화 식물 종류만 하더라도 1,500종이 넘으며, 200종이 넘는 새들과 60여 종의 포유동물, 그리고 수십 종의 물고기 등 이루 다 헤아리기 어려울 정도다. 자연을 벗하며 즐기려는 방문객 수는 매년 1,000만 명을 웃돌 만큼 이름난 관광 및 휴양지이다.

국립공원은 비스듬히 남북으로 갈려 남쪽은 노스캐롤라이나 주, 북쪽은 테네시 주에 속한다. 방문객센터는 모두 네 군데 있다. 남단에는 블루리지 파크웨이 남쪽 끝이 끝나는 지점에 오코널루프티 방문객센터가 있으며, 북단에는 슈가랜드 방문객센터가 있다. 둘 다 모두 규모가 큰데 전자는 노스캐롤라이나 주에 속하고 후자는 테네시 주에 속한다. 그레이트스모키 산맥 국립공원의 남쪽과 북쪽을 관통하는 441번 도로가 이 두 방문객센터를 연결해 준다. 양옆으로 울창하게 우거진 나무들과 푹 가라앉은 안개 바다 속을 헤집으며 운행하는 즐거움이 적잖은데, 쉬지 않고 내달리다 보면 불과 한 시간 남짓 만에 국립공원을 관통하게 된다.

국립공원의 서쪽 끄트머리 쪽에는 테네시 주에 속하는 케이즈 코브 Cades Cove 방문객센터가 자리 잡고 있다. 이 구역은 산으로 둘러싸인 계곡으로서 흰꼬리사슴, 북미산 흑곰, 이리, 너구리, 스컹크 등의 야생동물을 볼 수 있음은 물론 19세기 통나무집과 교회, 곡간 등의 건물들을 두루 살펴볼 수 있다.

그레이트스모키 산맥 국립공원 길

주 경계 표지

이 계곡에 유럽인들이 처음 이주한 시기는 1820년대이며 이미 19세기 중반에 상당한 규모의 마을 공동체를 형성해 왔던 곳이다. 주민들이 거의 이주한 뒤인 1945년에 국립공원 관리사무국에서 역사 보존 지구로 지정하였다. 따라서 이 구역은 매년 관광객 인파로 붐비는 곳이 되었다.

나머지 한 방문객센터는 이 국립공원에서 가장 높은 곳인 해발 6,643피트2,024m 산 정상 부근에 있다. 산 정상에는 윗부분을 둥근 돔 모양으로 만든 전망탑Clingmans Dome이 있어 사방 160km까지 조망할 수 있는데 기상 조건으로 시야가 30km 미만인 경우가 많다고 한다. 기온이 낮고 습하기 때문에 여름철에도 겉옷을 준비해야 하고, 겨울철이면 441번 도로에서부터 전망탑 밑의 주차장까지 가는 도로가 폐쇄되곤 한다. 미국의 동쪽 남단 조지아Georgia 주로부터 북단 메인Maine 주까지 이어지는 엄청난 애팔래치아 종주길The Appalachian Trail이 바로 이곳을 통과하는데 결과적으로 그 종주길 가운데 고도가 가장 높은 곳이 된다.

이 밖에도 이 국립공원 안에는 캠핑장과 피크닉 장소를 비롯해 승마 코스 등이 여러 군데 갖춰져 있어 휴식처로 즐겨 찾는 곳이다.

제3부
렌터카로 여행하기

출발하기 전에
국내에서 할 일들

여권

여권, 지갑, 스마트폰은 필수

해외여행을 하려면 가장 먼저 준비해야 하는, 그리고 가장 중요한 것이 여권일 것이다. 여행 시작부터 마칠 때까지 여행자의 신분을 모두 대신하기 때문이다. 호텔을 나설 때라든가 어딘가로 옮길 때 반드시 챙기고 확인해야 할 것이 세 가지가 있는데 그 첫째가 여권이고, 둘째가 지갑, 셋째가 스마트폰이라 하겠다. 이 중에 어느 한 가지라도 빠지면 불편을 넘어 움직이는 일이 불가능에 가깝다 할 만하다.

외출 후 다른 곳으로 이동하지 않고 숙소로 되돌아온다거나, 어느 한 곳에서 며칠 머무는 경우엔 여권 원본보다는 복사본을 가지고 다니는 것이 좋다. 여권에서 사진이랑 그 다음의 본인 서명이 나오는 면을 한 장으로 복사본을 만들면 되는데 슈퍼마켓에서 술을 산다거나, 심지어는 예약된 호텔에 체크인할 때에도 이것을 제시하면 된다. 원본은 안전하고 깊숙한 곳에 잘 두고 외출

할 때엔 가급적 복사본을 지니고 다니도록 하자. 혹여 비에 젖어 못 쓰게 되거나, 만에 하나 분실해도 문제가 발생하지 않는다는 이점도 한몫하기 때문이다.

여권이라 하면 흔히 복수여권을 가리킨다. 여권 하나 가지고 어느 한 나라에 여러 번 다녀올 수 있고, 다른 나라에도 다녀올 수 있기 때문이다. 여권 중에는 일회용으로 그치는 단수여권도 있으나 특수한 사정이 없는 한 복수여권이 편리하다. 복수여권은 총 48면으로 구성되어 있는데, 이를 반으로 줄인 총 24면의 알뜰여권도 있다. 전자여권으로서 5년 초과 10년 이내의 일반적인 복수여권 발급 수수료는 2016년 1월 현재 5만 3,000원인데, 똑같은 조건의 알뜰여권은 3,000원 적은 5만 원의 발급 수수료를 낸다. 그런데 단수여권은 2만 원만 내면 된다니 여권의 종류와 구분에 따른 비용 부담의 차이를 따져 볼 만도 하다.

여권을 발급받기 위한 준비물은 여권용 사진, 신분증, 발급 수수료뿐이다. 가까운 도청이나 시청 또는 구청에 가면 잘 안내 받을 수 있는데, 본인이 직접 방문하여 비치된 여권발급신청서를 작성하여 제출하면 된다. 미성년자의 경우엔 부모 또는 법정대리인이 함께 가서 신청하는 편이 좋다. 여행사를 통한 대리 신청이 불가능하니 유의해야 하며, 여권용 사진은 여러 가지 까다로운 규정이 있으므로 본인이 직접 촬영하여 '포샵'하는 등의 방법보다는 사진관에서 촬영한 것을 활용하는 것이 무난하다. 여권 발급에 관해서는 외교부 홈페이지 http://www.passport.go.kr에 접속하면 자세한 내용을 확인할 수 있다.

미국에 가려면 전자여행허가ESTA를 받아야

미국 여행은 비자면제협정에 따라 90일간 무비자 여행이 가능하다. 이때는 반드시 전자여권이어야 함은 두말할 나위 없고, 덧붙여 또 한 가지 여행 전에 전자여행허가를 통해 입국허가를 미리 받아두어야 한다.

전자여행허가는 미국 사이트 https://esta.cbp.dhs.gov/esta로 접속하여 신청 절차를 마치면 된다. 해당 언어를 한국어로 선택할 수 있으며, 질문에 따라 해당 사항을 입력하거나 ○ 또는 ×의 가부 선택을 하기만 하면 된다. 여권 기재사항 정도만 입력하며, 마약 및 사기 등의 범죄 관련 사항들에 대한 여부를 묻는 정도에 그친다. 약간의 수수료, 대략 14달러를 내면 된다. 출국하기 3일 전까지는 받아두어야 하며, 출력물은 지참하지 않아도 되나 만약을 생각해 갖고 들어가는 것도 좋다. 미국 전자여행허가를 안내 및 처리해 주는 한국 내 사이트들도 일부 개설돼 있으나 별다른 차이는 없다.

미국으로 입국하려면 공항이나 항만에서 어차피 입국절차를 거치게 마련인데, 그럼에도 불구하고 전자여행허가를 미리 받게 하는 것을 보면 자국의 보안 및 있을 수 있는 사고들에 미리 대비하는 자세가 철저하다 싶다. 우리나라도 점차 이런 방향으로 나아가지 않을까 생각해 본다.

국제운전면허증

국제운전면허증은 국내운전면허증과 늘 함께 가지고 있어야

면허증 없이 운전할 수 없음은 물론이다. 그런데 해외에서 자동차를 운전하려면 국내운전면허증으로는 되지 않는다. 이때 꼭 필요한 것이 국제운전면허증이다. 국제운전면허증 발급은 의외로 쉽고 간단하다.

준비물은 국내운전면허증과 여권, 여권용 사진 3.5×4.5cm이나 반명함판 3×4cm

사진 1장과 수수료 8,500원 2016년 12월 기준이면 된다. 전국 운전면허시험장이나 경찰서에 가면 되는데 혹시 본인이 못 갈 시에는 위임받은 대리인이 위임장과 대리인 신분증 및 추가 서류를 가지고 가면 된다. 사용기간은 1년이다. 자세한 내용은 도로교통공단 운전면허서비스 http://dl.koroad.or.kr에 접속하여 살펴보도록 한다.

국제운전면허증만 있으면 해외에서 운전하는 데 아무런 문제가 없는 것이 보통이다. 그러나 나라에 따라서는 국내운전면허증도 함께 제시하도록 요청하는 경우가 있는데, 미국이 바로 그렇다. 따라서 미국에서는 국제운전면허증과 국내운전면허증을 함께 가지고 운전해야 한다.

해외여행자보험

해외여행을 하는 중에 이런저런 상해 사고를 당해 피해를 입거나, 귀중품 등을 도난당하거나, 탈이 나서 병원에 가거나, 기타 본의 아니게 시설물을 훼손한 경우 등에 대해 보장을 해주는 것이 해외여행자보험이다. 이런 각종 사고나 치료, 실수 등의 예기치 못한 불상사는 그리 흔하지 않으나 만약을 대비하여 가입해 두는 것이 좋다. 천에 하나, 또는 만에 하나 있을까 말까 한 일이긴 해도 미리 대비해 둔다면 마음 편히 해외여행을 즐길 수 있으니 꼭 챙겨야 할 일이다. 특히 미국의 경우엔 앰뷸런스 이용 비용부터 시작해서 병원 진료 및 입원비가 국내와 달리 무척 비싸서 꼭 미리 해외여행자보험을 챙겨둘 필요가 있다. 2015년부터는 우리나라를 본떠 '개국민보험皆國民保險'의 기치를 걸고 차등화된 의료보험이 아니라 평등화된 의료보험으로 개혁하고는 있으나 아직까진 병원 문턱이 여전히 높은 편이니 유념해 두어야 한다.

해외여행자보험은 보험회사는 물론 여행사에서도 취급하고 있으며 때로는 은행에서 일정액 이상 환전을 할 때 무료 가입을 대신해 주기도 한다. 이때 유의할 점은 동일한 해외여행자보험이라 하더라도 취급하는 회사 및 기관에 따라 그 보장 내용과 보험료 등에서 차이가 있으므로 보상 여부라든가 조건 등을 한 번쯤은 짚고 넘어가야 한다는 것이다. 보상이 되고 안 되고의 문제가 애써 가입하고 지불한 보험에 대한 엄청난 위안 또는 그 반대의 낙망으로 갈라지기도 하기 때문이다.

해외여행자보험이라 하더라도 보험인 만큼 모든 내용의 상해나 질병, 분실 등에 대해 책임져 주지 않음은 물론이다. 예를 들면 평소 본인이 지니고 있던 지병의 치료와 같은 행위에 대해서는 보장해 주지 않는다. 또한 본인이 자동차를 운전하다가 사고를 낸 경우나 스포츠 행사에 선수로 참가했다가 입은 상해 등에 대해서도 책임을 지지 않으니 이 점도 유의해 둘 필요가 있다. 따라서 자동차를 렌트하여 여행하는 경우엔 별도로 현지에서 요구하는 자동차보험을 들어 두어야 한다. 해외여행자보험과 렌터카에 대한 자동차보험은 별개임을 명심하도록 하자.

다른 모든 보험의 경우에도 그러하겠지만, 특히 해외여행자보험의 보험금을 받기 위해서는 여행 중 병원 진료 관련 영수증을 비롯해 사실 관련 증명 서류라든가 여러 가지 객관적 사실 입증 서류들을 빠짐없이 챙겨 두는 일이 필요하다. 보험금을 지급하는 보험회사의 입장에서는 적절히 까다로운 조건을 내세울수록 유리할 터이니 가입을 결정할 때는 시간적 여유를 가지고 각종 조건들을 꼼꼼히 살펴보는 것이 중요하다. 특히 요즘은 인터넷 다이렉트 보험으로도 가입이 가능한 만큼 할인 혜택이나 기타 조건 등을 살펴 좀 더 유익하고 편하게 이용할 수 있는 곳을 선택하도록 한다.

해외여행자보험을 취급하는 국내 몇 보험회사를 참고로 몇 소개하면 다음
과 같다.

삼성화재　　: www.samsungfire.com　전화 1588-5114
동부화재　　: www.idongbu.com　　전화 1588-0100
KB손해보험 : www.kbsure.co.kr　　전화 1544-0114
메리츠화재 : www.meritzfire.com　　전화 1566-7711

렌터카
미리 예약하기

어디서 어떤 회사를?

자동차 렌탈의 경우 되도록 한국에 지사가 있거나 한국어 서비스가 제공되는 곳에서 하는 것이 좋다. 영어회화가 원활한 경우라 하더라도 렌탈 조건에 대해 영어로만 되어 있는 내용은 아무래도 해석의 문제에 작고 큰 걸림돌이 생길 수 있기 때문이다. 국내에서 자동차보험을 들 경우에도 기다란 약관 책자에 적힌 내용을 읽다 보면 무슨 말인지 때로 애매모호할 때가 적잖은데, 하물며 외국어로 된 보험 내용을 제대로 읽고 그 내용을 완전히 인지하려면 전문적인 보험 관련 공부가 필요할 정도이다.

렌탈 비용은 회사에 따라, 자동차의 등급과 연식, 렌탈 기간, 그리고 선택한 자동차보험 등에 따라 차이가 난다. 특히 보험의 경우 한국식으로 정리하면 책임보험과 종합보험이 있고 운전자안심보험과 같은 추가 옵션 보험이 있는데 어떤 종류의 보험을 드느냐에 따라 렌탈 금액이 달라진다. 따라서 렌터카 회사를 선택할 때는 렌탈 시 다른 업체와 차별되는 특징적인 조건이나 해외 영업소의 수효 및 한국 영업소 유무는 말할 것도 없고, 이에 더 나아가 차량 보유 대수 및 차량의 연식, 여러 가지 옵션들-예컨대, GPS 내비게이션, 카시트, 캐리어, 타이어 체인 등등-, 그리고 할인 혜택, 항공사와의 연계 마일리지 적립 여부, 회원가입 시 혜택, 예약 및 취소 수수료와 같은 내용들을 두루두루 살펴보아야 한다. 차를 빌리는 장소와 반납하는 장소가 다를 때에는 렌탈 비용이 더 늘어나는 점도 참고해야 한다. 회사마다 약간씩 다른 조건을 내놓고 고객을 유치하기 때문에 이러한 내용들을 세심하게 살펴서 안전을 기본으로 두고 가장 경제적인 효과를 얻을 수 있는 자동차를 선택하는 것이 여행의 묘미와 즐거움을 한층 더하게 할 것이다.

널리 알려진 다국적 렌터카 회사들과 미국 내에서 많이 이용하는 회사들의 웹사이트와 국내외 전화번호는 다음과 같다.

◀렌터카 회사들 일람 및 참고 자료▶

Hertz: www.hertz.co.kr 국내대표전화 1600-2288 / www.hertz.com (미국) 800-654-3131

Avis: www.avis.co.kr 국내대표전화 1544-1600 / www.avis.com (미국) 800-230-5898

alam: www.alamo.co.kr 국내대표전화 02-739-3110 / www.alamo.com (미국) 877-222-9075

Dollar: www.dollarrentacar.kr 국내대표전화 02-753-9114 / www.dollar.com (미국) 800-800-3665

National: www.nationalcar.kr 국내대표전화 02-739-3110 / www.nationalcar.com (미국) 877-222-9058

Budget: www.budget.co.kr 국내대표전화 02-724-7086 / www.budget.com (미국) 800-527-0700

Fox: www.foxrentacar.co.kr 국내대표전화 02-754-6004

Rent-a-Wreck: www.rentawreck.com (미국) 877-877-0700

Thrifty: www.thrifty.com (미국) 800-847-4389

www.expedia.co.kr: 호텔과 렌터카를 연결하여 두 가지를 한 곳에서 해결할 수 있다.

www.carrentalexpress.com: 온라인 렌탈 정보 웹사이트. 낮은 가격으로 장기간 렌탈을 원한다면 이용해 볼 수 있다.

Traveljigsaw: www.Traveljigsaw.co.kr 렌터카 대행 업체, 전화(한국예약무료번호) 00798-14-800-8241

www.Priceline.com: 렌트카 경매 사이트. 별로 유용하거나 효용적이진 못하다. 그래도 혹 색다른 경험으로 렌트할 기회를 찾는다면 한 번쯤 시도해 볼 만하다.

이름 있는 렌터카 회사들을 이용하면 비용이 조금 비싼 게 흠이긴 하나 회사에 따라서는 출고한 지 1년 이내의 차들을 렌트해 주기도 해서 차량에 관한 안심을 하나의 이점으로 챙겨볼 수도 있다. 거의 대부분의 유명 회사들은 타이어 마모 상태라든가 전반적인 차량 정비를 자체적으로 잘 마련하고 있어 큰 문제는 없을 것이다.

항공사에서 발권하는 과정에서도 항공사 나름대로 렌터카 회사들과 연계하여 할인 혜택을 주기도 한다. 따라서 렌터카 회사를 직접 선택하여 회원가로 하는 것이 나은지, 이런저런 경우와 연계되어 할인 혜택을 받는 것이 더 나은지, 잘 비교해 보아 동일한 조건에서 어느 것이 더 효율적인지 살펴볼 필요가 있다. 미국 내의 친지가 있는 곳 또는 행선지 인근에서 소규모로 운영하는 회사 또는 영업점에서 렌트할 경우 일반적으로 참고자료에 적힌 회사들보다 저렴한 것이 보편적이라 하겠다. 다만, 이 경우엔 차량의 상태를 알기 어렵고 보험 처리하는 데 따른 문제점이 어쩌다 발생할 수도 있으므로 믿을 만한 곳인지 잘 살펴 선택해야 한다.

렌터카 예약은 전화나 인터넷을 이용하면 된다. 미국에서도 가능하고 한국에서도 가능하다. 예약하는 장소는 어느 나라, 어느 곳이든 상관없다. 그러나 상황에 따라 차이는 있겠으나 한국에서 예약하고 미국 현지에서 차를 받는 것이 나은 점이 있다. 우선은 한국어로 모든 내용을 주고받을 수 있다는 점이 강점이고, 현지에 직접 가서 차를 렌탈하고자 할 때 원하는 등급의 차량이 없거나 때로는 여유 차량이 없어 렌트할 수 없는 경우도 있기 때문이다.

한국에 있는 렌터카 회사들은 대부분 차량과 보험을 묶어 판매하므로 차량과 보험에 대한 정보를 빨리 파악할 수 있다. 또한 제공하는 다양한 혜택 등을 쉽게 확인할 수 있는 이점도 있다. 예약할 때 아래 내용은 필수이다.

미국 동부 렌터카 여행 & 블루리지 파크웨이

- 회원인 경우 회원 번호
- 영문 이름: 여권 및 신용카드 동일해야 한다.
- 신상에 대한 정보–이름, 주소, 생년월일: 회사마다 다를 수 있으나 보통 은 만 25세 이상이라야 가능하며 25세 미만은 추가 비용이 적용되는 경 우가 있다.
- e-mail 주소
- 전화 연락처
- 항공편 정보: 비행기가 연착되거나 할 때 회사에서 이를 확인하고 픽업 시간을 조절한다.
- 결제수단: 반드시 신용카드여야 한다. 현지에서 반납 날짜를 연장하거나 운행 중에 발생한 범칙금 등 추가 요금이 발생할 경우에는 이 카드에서 결제된다. 차량을 반납하면 일단 결제가 완결되나, 추가 요금 등은 차후 에 결제된다.

렌터카 예약을 할 때 제휴사 상용고객FT 번호, 할인 프로그램CDP-Corporate Discount Program 번호, 프로모션 쿠폰PC 번호 등등 렌트하는 사람 개개인의 조 건과 특성에 따라 얻는 할인 혜택을 받으면 이득이 된다. 할인 혜택을 위해 미 리 그 번호를 메모하고 입력해 두면 된다. 개인적으로 렌탈 할인 혜택을 받을 수 있는 것이 무엇인지 꼼꼼히 살펴 빠짐없이 챙겨 받는 것이 좋겠다.

차량 선택

차량의 사이즈별 등급은 회사에 따라 약간의 차이가 있을 수 있으나 보통은 이코노미 Economy, 콤팩트 Compact, 인터미디어트 Intermediate, 스탠더드 Standard, 풀사이즈 Fuilsize, 프리미엄 Premium, 럭셔리 Luxury, SUV, 미니밴 Minivan 등이 있다. 더하여 친환경 차량 Green Collection이나 Fun Collection, Prestige Collection, Adrenaline Collection 등 개인의 취향에 맞춘 차량을 선택할 수도 있다. 예약할 때는 예약 결정한 차량 등급에 속하는 여러 차들 중에서 자유롭게 차종을 선택할 수 있다고 하나 막상 현지에 가면 그 중 어느 한 차종밖에 없다고 하기도 한다. 예약할 때 맘에 드는 차를 신중히 결정하고 그것이 현지에 있는지 없는지 여부를 확인해 보는 것도 좋다. 완전 비수기인 경우라면 모르겠지만 보통은 다양한 선택의 여지가 없기 때문에 현지에서 동급 차량에서 다른 차종을 자유롭게 선택할 수 있다는 말을 지나치게 과신하지 말아야 한다.

또한 차량 등급 선택 시에는 여행하는 기간 및 인원수 등을 잘 고려하여, 운전하는 사람이나 동승자 모두 피로감을 최소화할 수 있는 등급의 차량을 정하는 것이 좋다. 물론 유류비 걱정 등이 있겠으나 미국은 한국에 비해 휘발유 값이 많이 저렴해서 상대적으로 부담이 적은 편이다.

차량 선택 시 추가사항들

차량의 등급과 종류를 선택한 후 반드시 옵션으로 살펴보아야 할 것들 중에는 내비게이션 이하 내비 장치를 비롯하여 겨울철 운행을 위한 스노타이어, 스키 장비를 매달 수 있는 스키랙 Ski Rack, 핸들 조작을 도와줄 수 있는 장치, 위성라디오 수신 장치 등등이 있다. 이런 것들은 옵션이라 선택하지 않을 수도 있겠으나, 어린아이를 동반할 경우엔 카시트 또는 유아용 안전벨트가 필수적이다.

혹시 스마트폰을 무제한으로 로밍하였다면 내비 장치는 그야말로 옵션에 해당된다. 스마트폰을 이용해 길찾기를 하면 되기 때문이다. 요즘엔 내비보다 스마트폰을 이용한 길찾기가 더 편리하고 정확한 경우도 많다. 그러나 더욱더 세심한 안전을 고려한다면 내비도 옵션으로 처리하는 것이 좋다. 말하자면 없어도 되지만 있으면 더 좋다는 말이다. 때에 따라서는 차량에 따라 내비가 이미 장착되어 있는 경우도 있으니 이 점도 잘 살펴봄 직하다.

자동차보험의 이모저모

낯선 곳에서의 운전은 만약의 사고를 대비하지 않을 수 없다. 혹시나 불편한 문제가 생겼을 때 무엇보다 우선시되는 것이 자동차보험이기 때문이다. 렌탈 금액에 따라 보험이 포함되어 있는 경우도 있지만 보통은 옵션 사항으로 되어 있고, 보험의 종류와 금액이 회사마다 그리고 미국의 주마다 조금씩 다를 수 있다. 가능하면 Full coverage 보험으로 안심하고 여행을 하면 좋겠으나 여행자보험과 중복되는 사항도 있고 굳이 가입을 하지 않아도 될 만한 내용도 있어서 개인에 따라서는 불필요한 보험이 있을 수도 있다. 그러므로 렌터카와 아울러 보험도 꼼꼼히 살펴 만약의 상황에 당황하지 않도록 준비하는 것이 좋다.

미국이 한국보다 대체로 운전하기가 편한 것은 사실이다. 그러나 특히 도심 주변 교통체증은 물론이고 앞질러 끼어들기, 바짝바짝 붙어 달리기, 뒤에서 빵빵 경적 울리기 등 도로에서 볼 수 있는 무질서한 일들은 어김없이 그곳에도 간혹 있다. 더하여 고속도로를 달리다 보면 한국에서 자주 볼 수 없는, 거의 없다고 해도 무관할, 엄청나게 거대한 트럭들이 연이어 옆을 지나칠라치면 제아무리 운전의 고단수라 하여도 긴장하게 마련이다. 혹간 그 긴장이 실수로 이어져 사고를 겪게 될 수도 있는 만큼 만약의 일을 예방하는 차원에서라도 보험은 필수이고 그 보험의 종류와 금액은 자동차 여행의 경비에서 가장 중요하게 생각해도 부족함이 없을 듯하다.

자동차보험의 경우 한국식으로 정리하면 책임보험과 종합보험이 있고 운전자안심보험과 같은 추가 옵션 보험이 있다. 보험의 세부 종류와 용어 및 그 내용 등에 관해 조금 자세히 살펴보기로 하자.

LI Liability Insurance – 대인·대물 기본 책임보험

렌터카의 경우 의무적으로 가입하는 보험이다. 그러므로 대부분 렌탈 회사들은 렌탈 비용에 포함시켜 놓는다. 그러나 이 보험조차 추가보험으로 처리하는 회사도 있으니 렌탈 시 반드시 확인이 필요하다.

LIS Liability Insurance Supplement – 추가 확장 책임보험

SLI Supplement Liability Insurance / EP Extended Protection / ALI Additional Liability Insurance 라고도 하는데 거의 같은 개념이다.

위의 책임보험 LI만으로는 보장액이 부족할 경우에 대비하여 추가로 드는 보험이다. 보장액 확대 및 추가되는 사항이 있는 만큼 만약의 사고를 대비하여 가입을 고려해 보는 것이 좋다. 이 보험은 미국인들의 경우엔 선택보험이다. 그것은 미국인들은 거의 대부분 이 보험에 가입되어 있을 뿐만 아니라, 자가용을 이용하거나 렌탈을 하거나 동일하게 보장 적용되기 때문에 미국인들이 렌탈을 할 땐 이 보험에 따로 가입할 필요가 없을 수 있다. 그러나 여행자인 외국인인 경우에는 가급적 가입하는 것이 좋다.

UMP Uninsured Motorist Protection – **무보험 및 저가 보상 차량에 대한 손해 보험**

도주 차량이나 무보험 차량에 의해 상해를 입었을 때, 또는 가해자가 보상액이 적은 보험에 가입하여 피해 보상액이 충분하지 못할 때 보호받을 수 있는 보험이다. UMP 보험을 가입할 수 없는 주州 State도 있다. 이때는 위 LIS로 적정한도 내에서 보호를 받게 된다. 보통 LIS와 패키지로 묶여 있는데, 회사마다의 특성상 별도 가입일 경우가 있으니 충분한 검토가 필요하다.

이 보험은 미국 현지에서만 가입이 가능한 것으로 되어 있다. 한국 허츠Hertz의 경우, 골드회원으로 등록된 상태이면 이 보험의 가입은 불가하다고 한다. 그러나 한국 허츠의 설명과는 달리 현지에서 이 보험은 가입이 가능하다.

CDW Collision Damage Waiver / **LDW** Loss Damage Waiver – **자차 보험**

운전자 본인의 과실 또는 가해자를 알 수 없는 경우의 차량 손해에 대한 보장으로서 한국의 자차 보험과 동일한 개념이다.

PAI Personal Accident Insurance – **운전자 및 동승자에 대한 상해 보험**

운전자 및 동승자가 사고로 인해 다친 경우에 대한 의료 보험이다.

PEC Personal Effects Coverage / **PEP** Personal Effects Protection – **소지품 분실 보상 보험**

차량 내 소지품을 도난 또는 분실했을 때 해당 물품에 대한 보상을 해주는 보험인데, 현금은 보상 대상에서 제외된다. 물품 분실의 경우엔 객관적 증명이 어렵기 때문에 일반적으로 도난의 경우에만 주로 적용된다고 보면 된다.

TI Theft Insurance / TW Theft Waiver - 도난 보상 보험

차량을 도난당했을 때 보상해 주는 보험이다. 보통 기본보험에 들어 있거나, 다른 보험에 포함되어 있으므로 중복 여부를 살펴보고 가입해야 한다.

Roadside Assistance - 응급조치 보험

운행 중 타이어가 펑크 나거나 연료가 떨어졌을 때, 또는 기타 여러 가지 요인으로 자동차 운행이 제대로 안 될 경우 응급조치를 해주는 보험이다. 대개 렌터카 회사에서 제공하는 기본적인 PPP Personal Protection Plan에 포함되어 있으므로 별도로 가입하지 않아도 되는 경우가 많다.

미국자동차협회 AAA

직접 자동차를 운전하며 여행을 하려고 하면 비행기나 기차, 또는 일반 대중교통을 이용하는 것보다 좀 더 신경이 쓰이는 것은 물론이다. 그 중 안전을 위한 방책이 가장 그러할 것이다. 이런저런 것들을 살피다 보면 미국자동차협회 AAA와 같은 것에 관심을 가져볼 수 있다. 여러 나라 자동차협회와 상호 회원 제휴가 되어 있으며, 우리나라도 한국자동차협회 Kaa21 회원으로 가입하면 AAA와 동일한 혜택을 받을 수 있다.

미국자동차협회의 가장 큰 혜택은 미국 어디서나 24시간 긴급 도로 서비스를 제공받을 수 있다는 점이다. 여기에다가 여행지 관련 무료 지도, 호텔과 같은 숙박시설 할인 혜택, 자동차 렌탈 시 할인 혜택, 음식점 할인 혜택 등등의 다양한 할인 혜택이 있다. 그러나 그러한 내용들이 외국인 여행자들에게 그리 크게 유용하지는 않은 편이다. 이는 대부분 자동차 렌탈이나 여행자보험 등에 그와 동일한 혜택들이 포함되어 있고 여행 중 AAA와 제휴한 숙박시설이나 음식점, 쇼핑점 등이 행선지에 반드시 있으란 보장이 없기 때문이다. 그래도 혹시 추가적인 혜택을 받고자 한다면, 또는 AAA와 제휴한 할인점들이 본인이 가고자 하는 곳에 있다면 출발 전에 미리 가입을 해두는 것도 생각해 봄 직하다. 소정의 연회비를 부담해야 한다. 미국자동차협회 사이트는 www.aaa.com이고 한국자동차협회는 www.kaa21.or.kr이다.

숙소 정하기 및 예약하기

어디서 잘 것인가?

여행을 위해 반드시 필요한 것 – 그것은 바로 숙소 문제이다. 가능한 내집처럼 깨끗하고 편안한 곳이면 더 무엇을 바라겠는가마는 매번 급수 높은 호텔에 머물 수도 없고, 그렇다고 싼 가격의 숙소만을 찾을 수도 없고, 이래저래 자고 쉴 자리에 대한 고민은 많은 시간을 할애하게 한다.

숙소는 여러 가지 방법으로, 다양한 형태를 찾아볼 수 있다. 가장 접근하기 쉬운 것이 호텔이겠고, 유스호스텔이나 등급 낮은 모텔 등도 생각해 볼 수 있다. 호텔, 레지던스 호텔, 리조트, 호스텔, 모텔, 민박, B&B^{Bed & Breakfast} 등등 여행의 목적과 취향에 따라 결정하면 될 것이다.

여행을 떠나기 전에 미리 숙소를 결정하거나 예약하지 않고 여행지에 도착하여 관광안내소를 활용하는 방법도 있다. 그곳에서 여러 종류의 숙소를 살펴볼 수 있어 의외로 간단히 해결할 수도 있다. 특히 미국의 경우는 도로변 곳곳에 모텔들이 있어 굳이 예약을 하지 않고서도 이동 중 숙소를 쉽게 찾을 수 있다. 때론 세계적으로 체인점을 두고 있고 우리나라에서도 쉽게 찾아볼 수 있는 홀리데이 인Holiday Inn이나 하얏트 플레이스Hyatt Place 등과 같은 숙소들도 도로변 안내표지판 등에 적혀 있으므로 이동 중 숙소 정하기가 비교적 쉬운 편이라 크게 염려하지 않아도 된다. 그러나 여행 성수기라든가 주말, 축제 또는 행사 등으로 빈방 구하기가 어려울 때가 적잖고, 매일 눈 뜨자마자 다음 숙소에 대한 걱정으로 지내기보다는 마음 편히 자동차 여행을 즐기려면 여러 사이트를 이용해 미리 예약을 확실하게 해두는 것이 좋다.

호텔

아래 제시된 사이트를 검색하면 호텔뿐만 아니라 모텔, 유스호스텔, B&B, 레지던스 호텔 등등 여행자가 원하는 숙소들이 거의 대부분 있다. 도심과 가까운 곳일수록 값이 높고, 동급이라 하더라도 도심과 떨어진 곳은 낮은 가격이다. 도심 관광이 주된 목적인 경우는 불가피하겠지만 주변으로 조금 비껴난 곳에 숙소를 정하면 새로운 지역을 더하여 볼 수 있다는 이점도 있고 특히 교통체증과 같은 불편을 겪지 않아서 좋다. 숙박 비용 절감은 물론이고 주차료 문제도 간단히 해결할 수 있다. 단, 렌터카로 이동이 용이한지, 아니면 대중교통으로 도심을 오가는 방편이 간단하고 편해야 한다는 조건이 성립되어야 가능하다. 호텔을 비롯하여 숙소들이 전반적으로 도심과의 거리순, 등급순, 가격순, 평점순 등등으로 잘 안내되어 있어 선택의 폭이 넓다.

예약은 묵고자 하는 날짜와 성명, 연락전화 등 비교적 간략한 사항만 입력하면 되는데, 신용카드를 미리 열어 주어야 한다. 신용카드 입력사항 중 CVC 번호라는 것은 카드 뒷면에 적힌 세 자리 숫자를 가리킨다. 신용카드를 미리 오픈했다고 해서 별다른 문제가 야기되지는 않지만 예약을 취소할 경우 언제까지만 무료 취소인지 확인해야 하고, 숙소에 따라서는 현지에서 숙박할 때 지불하는 것이 아니라 예약하면서 미리 선지불하도록 요청하는 경우도 있으므로 유념해야 한다. 인터넷 예약 사이트들 중 한국어가 지원되고, 한국말로 예약 관련 내용들을 결정할 수 있는 안내가 가능한 사이트를 이용하면 여행 중 숙소에 대한 불편을 해소하기가 용이해 효과적이다.

www.hotels.com www.booking.com

www.expedia.com www.orbitz.com

www.cheaptickets.com www.hoteldiscount.com

www.venere.com www.hotelreservations.com

www.travelocity.com www.quikbook.com

www.agoda.com www.hoteltravel.com

www.tablethotels.com www.tripadvisor.com

모텔

미국을 여행할 때 모텔을 이용하는 일은 매우 자연스럽다. 고속도로나 간선 도로를 달리다 보면 중간중간 도로변 가까운 지역에 있는 모텔들과 그곳을 찾아갈 수 있는 출구Exit를 알려주는 표지판들이 있다. 일단 가격이 싼 편이다. 그러나 같은 모텔이라 하더라도 천차만별이라서 수준이 낮고 조금은 지저분한 곳도 있고, 때론 호텔과 같이 크고 깨끗하면서 여러 부대시설을 갖춘 곳도 있다. 물론 이 경우 금액이 올라감은 당연하다. 위 숙소 예약 인터넷 웹사이트들에도 나오지만, 모텔 전용 웹사이트인 www.motel6.com, www.super8.com 등을 이용하여 예약 또는 미리 찾아볼 수 있다.

레지던스 호텔

일반 호텔과 비슷한 실내 구조를 갖추었는데, 취사가 가능하다는 점이 큰 특징이다. 아침 식사가 제공되는 곳도 많다. 세탁실은 보통 공동으로 사용하지만 세탁 건조기가 있어 편리하다. 스위트 형태의 넓고 쾌적한 곳도 있고, 침실은 물론 거실 공간을 가진 곳도 있으며, 수영장이나 헬스장과 같은 이용 가능한 편의 시설들이 있어 가족 단위 여행일 경우 유용하다. 힐튼과 하얏트, 메리어트 등과 같은 호텔에서도 운영하는데 특히 이들 호텔에서 운영하는 곳은 브랜드에 맞추어 깨끗하게 관리되지만 다른 레지던스 호텔에 비해 가격이 약간 비싸다. 그러나 지역에 따라 도심과 떨어진 곳에 있는 경우는 가격이 그리 높지 않은 곳도 있다. 홈우드 스위트 힐튼Homewood Suites Hilton은 힐튼 호텔에서, 레지던스 인 바이 메리어트Residence Inn by Marriott는 메리어트 호텔의 이름을 걸고 운영된다. 이 외에도 하얏트 하우스HYATT House, 스테이브리지 스위트 해밀턴 플레이스Staybridge Suites Hamilton Place 등도 가격이 높지 않으면서 깨끗하게 유지되는 곳이다. 이곳 모두 역시 호텔 검색 사이트에서 찾아볼 수 있으며, 레지던스 호텔 전용 웹사이트www.staystudio6.com, www.extendedstayhotels.com에서도 확인 가능하다.

호스텔

일단 숙박 비용이 부담스럽지 않아서 좋다. 대부분 무료 Wi-Fi를 이용할 수 있고 간단한 아침 식사가 제공되는 곳도 있다. 그러나 비용에 맞추어진 쉼자리는 위치나, 청결, 안전 등의 문제를 고민해 보게 한다. 호스텔 전용 웹사이트로 다음과 같은 것들이 있다.

www.hostels.com   www.hostelusa.com

www.hosteltimes.com   www.hostelworld.com
www.reskor.com   www.hihostels.com

B&B Bed & Breakfast

글자 그대로 잠잘 수 있는 침대와 아침 식사를 제공한다는 것으로 보통 미국 현지인 '민박'이라 생각하면 된다. 가격은 천차만별이다. 저렴한 곳은 4~5만 원 정도도 있지만 대부분은 10만 원을 훌쩍 넘고 때에 따라서는 특급호텔 정도의 가격인 곳도 있다. 물론 이 경우엔 풀장과 잔디 정원, 조용한 숲속의 집, 유명한 관광지 등등의 외적 여건이 수반되지만 그래도 개인적인 사생활의 불편함은 어쩔 수 없다. 이런 곳은 붙임성 좋은 여행자들로서 현지인과의 친목 도모, 상호 교류 등을 우선시한다면 시도해 봄 직하다.

아침 식사의 경우 집주인이 직접 해주는 경우도 있고 간단한 뷔페식인 경우도 있다. 여행 도중 도로변에 B&B를 알려주는 Exit 표지가 나오기도 한다. B&B는 일반 호텔 검색과 같은 사이트에서 찾아보면 된다.

인터넷으로 예약할 때의 귀띔

인터넷 웹사이트를 통해 숙소를 선택할 때는 가격 못지않게 중요한 일이 예약하고자 하는 숙소를 이미 다녀간 사람들의 댓글을 검토해 보는 일이다. 가서 직접 묵어보지는 않았어도 숙소 사정이 댓글에서 언급한 대로인 경우가 거의 대부분이다. 청결이나 위치, 안전 등에 관련하여서는 댓글만큼 좋은 정보는 없다. 그러나 이것도 조심할 필요는 있다. 특히 리조트와 같은 경우 여러

동이 나뉘어 있을 수 있고, 각기 다른 전망을 가질 수 있다. 이때 깨끗하고 좋은 방향에서 객실을 구할 수도 있고 그렇지 못한 경우도 있을 것이다. 이때의 평점은 어느 쪽 객실에 있었던 사람들이 댓글을 더 많이 달았느냐에 따라 그곳의 평점이 높을 수도 있고 낮을 수도 있다. 드물지만 이런 경우도 있음을 인지하여 사이트에 나와 있는 숙소의 특징을 꼼꼼히 살펴보는 것이 중요하다. 단지 하루 혹은 이삼 일 이용하면 그만일 수도 있겠으나 다음 이용자들을 위해 다녀간 곳의 장단점을 세세히 기록해 주는 고마운 사람들이 적지 않다. 보통 5점 만점을 기준으로 하였을 때 4.5 이상은 되어야 몸과 마음이 편한 쉼자리가 될 수 있다.

더하여 아침 식사와 무료 인터넷, 그리고 무료주차가 가능한지를 살펴야 한다. 보통 웹사이트를 통하여 예약을 할 경우엔 환불 조건이 명시되어 있지만 이도 잘 살펴보는 것이 좋다. 도심보다는 약간 거리를 둔 곳이 가격이 낮다. 때론 도심보다 30분 혹은 1시간 정도 떨어진 곳이 도심 속의 번잡함이나 교통체증 등을 고려해 보면 더 나을 수 있다. 개개인의 성향에 따라 다르겠으나 도심을 조금 벗어난 곳에 숙소를 정하는 것이 때론 득일 때가 있다.

숙소를 결정하는 것도 중요하지만 막상 결정된 숙소에서의 시간 보냄이 무엇보다 중요하다. 따라서 결정된 숙소를 찾아갔을 때 댓글이나 생각했던 대로의 그 형태가 아니어서 마음이 불편할 경우엔 가급적 빨리 그 불편을 해소하는 것이 지내는 내내, 여행하는 내내 마음이 편하다.

고층과 저층의 문제, 불결한 냄새의 문제, 청결의 문제, 전망의 문제 등등이 제시되었던 것과 다를 경우엔 막연히 참고 지내다 오는 것보다는 원하는 바를 제시하여 변화를 가져봄이 좋다.

미국 사람들은, 많은 부분, 매우 합리적이다. 따라서 자신들의 정당성과 다른 이들의 정당성을 존중한다. 숙소에 대한 불편이 있으면 그 불편을 이야기하고 바꾸어 줄 것을 요구하면 된다. 때에 따라서는 당일이라도 환불 및 취소가 가능하기도 하다. 그것이 정당한 요구이면, 방을 바꾸어 주거나 예약 취소해 주는 일에 멈칫거림이 없다.

렌터카 운행의 벼리

렌터카 인수와 반납

차량 인수와 반납 장소가 다를 경우 렌탈 비용이 높아질 수 있다. 또한 자동차를 인수하는 곳이 공항에 있는 지점인지 아닌지에 따라서도 금액 차이가 있을 수 있다. 공항 지점에서 받는 경우 공항 이용세가 붙는다고는 하나, 다른 곳에서 받을 경우 이동 시간과 교통비가 발생하므로 이 점을 고려해 잘 대비해 보아야 한다. 비용 차이가 눈에 드러나는 정도가 아니라면 공항 지점을 이용하는 것이 편하다. 공항 지점인 경우엔 무료 셔틀버스를 이용하여 찾아가면 된다.

차량 인수

차량 인수는 렌탈 카운터에서 여권과 렌트하는 운전자 본인 신용카드, 국내운전면허증, 국제운전면허증을 제시하면 된다. 예약된 내용대로의 관련 서류Rental Agreement가 작성되고 신용카드로 보증금을 예치한 뒤, 완성된 서류에 서명을 하면 된다. 이때 추가옵션 보험과 추가운전자AAO, Additional Authorized Operator 등록, 연료 선구매 옵션FPO, Fuel Purchase Option, 프리미엄 긴급 지원서비스Premium Emergency Roadside Assistance, 차량 승급Upgrade 등을 결정할 수 있다. 옵션 선택 시 추가 비용이 발생하는지 여부를 꼼꼼히 살펴야 한다. 서명을 끝낸 후 계약서와 키를 받아 차량 출고 장소로 가서 예약한 등급의 차를 인수받으면 된다. 이때 자동차의 상태를 점검하고, 기본적인 작동법을 익혀 출발하는 것이 중요하다.

렌터카의 경우 평소에 몰던 차종과 다른 경우가 거의 대부분인 만큼 출발 전에 각종 계기판을 확인하고 조작법을 숙지하는 일은 필수적이다. 계약서에 적혀 있긴 하지만 주행 거리를 체크해 두면 공장 출고 후 얼마만큼 운행한 차량인지 알 수 있을 뿐만 아니라, 나중에 반납 시 주행 거리와 대비함으로써 렌트해서 운행한 거리가 얼마였는지 계산하는 데 편리하다. 그리고 여행자로서는 낯선 곳이요, 다녀보지 못한 도로일 터이므로 내비게이션 또는 스마트폰을 이용한 길 찾기 방식이라든가 작동 여부를 분명히 확인해 보고 다음 행선지를 입력해 놓는 일 또한 꼭 필요하다. 따라서 키를 받아서 렌터카를 인수한 후 이것저것 점검하고 작동법 익히며 출발 준비하는 데 약간의 시간을 들여야 하므로 일정 조정을 조금은 여유 있게 해두는 것이 좋다.

반납

반납 시 연료는 렌탈 당시 정한 대로 가득 채우든가Self-Refueling, 빈 대로이든가FSC-Fuel and Service Charge 둘 중의 하나면 된다. 연료를 채워 반납하기로 하였다면 약간 비싸더라도 영업소 인근, 공항 지점일 경우 그 안이나 바로 곁에 주유소가 있으니 굳이 다른 주유소를 찾아다니지 않아도 된다. 여하튼 가득 채워 반납하는 것이 약간이라도 비용을 절감하는 데 도움이 될 수 있다. 반납 시 연료 문제에 대하여 다소의 번거로움을 없애기 위해 꽉 채우지 못한 만큼의 양에 대해 연료 선구매 옵션을 선택해 추가로 지불하는 방안을 고려해 볼 수도 있겠으나 이 경우엔 남아 있는 연료에 대하여 환불해 주지 않기 때문에 그리 추천할 만한 방식은 아니다.

반납 날짜와 시간은 지켜야 한다. 반납 날짜는 물론이거니와 시간을 초과하였을 경우에는 늦은 시간만큼 시간당 추가 요금을 내야 한다. 고약한 경우는 시간당 요금 대신 하루 이용 요금을 고스란히 물어내야 하는 수도 있다. 이 점 역시 렌탈 조건을 잘 살펴야 하는 경우에 해당된다. 일단 렌탈 후 운행 중인 차량에 대하여는 한국 예약센터에선 변경이 불가하고 미국에서 직접 해결해야 한다. 해당 렌탈 회사의 미국 내 예약센터를 확인해 두는 것이 좋다. 근래엔 한국어 통역 서비스를 제공해 주는 경우가 많아 이용하기가 편리한 편이다.

차량을 반납할 때엔 영수증을 잘 챙겨두어야 한다. 반납할 때 차량을 접수하는 직원 또는 사무실에서 곧바로 내주는 것이 보편적이다. 반환 후 3~5일 정도이면 해당 렌탈 회사의 홈페이지에 들어가서 출력할 수 있고, 이메일로도 받을 수 있다.

차량 반납 시 특히 주의할 일은 렌탈 회사의 영업시간 이후에 반납하게 되는 경우이다. 이때는 보통 영업소 주차장에 설치된 반납상자Drop Box에 차량 열쇠를 집어넣으면 되는데 반납 일시와 연료 잔량, 최종 주행거리 등을 기입하여 넣기도 한다. 계약서를 자동차 키와 함께 넣기를 요구할 경우엔 사본을 만들어 두거나 사진을 찍어 두고, 반환 직전 주유한 영수증과 함께 반드시 렌탈과 관련한 모든 내용이 종료될 때까지 보관하여야 한다.

영업시간 이후의 반납에 대하여는 회사마다, 영업소마다 다를 수 있으니 이 또한 렌탈 시 꼼꼼하게 살펴보아야 한다.

주유하기

미국 동부지역에서 주유소는 주변에서 쉽게 찾을 수 있고, 작은 도시인 경우 예외일 수 있으나 대부분 24시간 영업한다. 그러나 장거리 운전인 경우에는 주유소 위치를 미리미리 확인하는 것이 좋다. 카드 사용이 불편한 곳도 있으므로 이도 고려하도록 한다.

한국도 대체적으로 그러한 추세로 이어지고 있지만 미국은 대부분 셀프 주

주유소 안내 출입구 표시판

유다. 셀프가 아닌 곳에서 주유를 하거나, 혹간 주유원의 도움을 받게 되면 팁을 주어야 한다. 연료 값은 주마다, 주유소마다, 요일마다 조금씩 다르다. 어쩌다 예외도 있겠으나 대부분 디젤이 가솔린, 즉 휘발유보다 비싸다. 가솔린은 보통 3등급으로 나누어지는데 렌터카의 경우는 이 중 가장 낮은 등급인 Regular를 이용하면 무난하다. 2015년 5월과 6월 기준 가솔린 1갤런당 2.35~3.90달러 정도이다.

미국 동부 렌터카 여행 & 블루리지 파크웨이

미국에너지청의 사이트 www.afdc.energy.gov를 살펴보는 것도 유익한 정보가 될 것이다.

주유를 할 때 계산하는 방식과 주유하는 방법은 대체로 우리나라에서와 비슷한 편이다.

신용카드 Credit Card 또는 직불카드 Debit Card와 같은 카드로 계산할 때와 현금으로 계산할 때가 다르다. 현금으로 지불할 경우엔 대체로 넣고자 하는 금액을 미리 주유소 편의점 안에 가서 계산을 하고 나오면 편의점 직원이 해당 주유기에서 그 금액만큼을 주유할 수 있게 해준다. 이때 편의점 직원에게 주유기 번호를 알려주면 된다. 주유기 번호는 주유기가 세워진 칸마다 아라비아 숫자로 적혀 있다.

주유기 번호판 (5번임)

신용카드의 경우엔 주마다, 주유소 주유기마다 카드 사용하는 방법이 조금씩 다르고 우편번호에 해당하는 Zip번호를 입력하지 않으면 카드 결제가 아예 안 되는 곳이 많다. 미국인 또는 미국 거주자라면 모를까 여행자로서 Zip번호를 넣을 수 있는 카드는 없기 때문에 주유가 불가능하다. 이럴 때는 주유소 안 편의점으로 가서 신용카드로 결제하겠다고 하면 직원이 대신해 주기도 한다. 이때도 물론 주유기 번호를 일러줘야 한다.

주유 3등급 표시

카드로 주유할 때의 순서

① 카드를 넣는다.

② 카드를 뺀다.

③ 주유기를 연료 주입구에 넣는다.

④ 주유기에 있는 기름 종류를 선택한다. 보통 Regular/Special/Super 혹은 Regular/Plus/Premium과 같이 3등급이 표시되어 있다.

⑤ 시작 버튼을 누른다. 주유기에 붙어 있는 가동 레버를 젖히거나 주유기 입구에 주유기를 충분히 깊이 밀어 넣어야 주유가 되는 경우도 있다.

⑥ 영수증을 받을지 여부(Yes/No)를 선택한다.

주유기 초기 화면
PAY – HERE–DEBIT(직불카드)
PAY – HERE–CREDIT(신용카드)
PAY–INSIDE–HELP(편의점 안 직원에게 직접)

주유기 카드 넣는 법

주유기 넣기

미국 동부 렌터카 여행 & 블루리지 파크웨이

| 기름 종류와 선택 | 주유기 빼기 | 주유 영수증 받기 |

현금으로 주유할 때의 순서

① 주유소 편의점 안으로 들어간다.

② 직원에게 주유기 번호를 일러주고 주유할 만큼의 현금을 지불한다(영수
증 받는다).

③ 주유기를 연료 주입구에 넣는다.

④ 주유기에 있는 기름 종류를 선택한다.

⑤ 시작 버튼 Start Button을 누른다.

⑥ 선지불한 현금보다 적게 유입되었다면 편의점 안으로 들어가서 잔돈을
받고 영수증을 다시 받아 오면 된다.

차량 고장 및 사고 시의 조치

고장 처리

운행 중 차량에 문제가 발생하면 렌트한 회사의 긴급출동 서비스를 받아 문제를 쉽게 해소할 수 있다. 또한 운행에 문제가 발생할 소지가 있으면 어느 지점이든지 가서 문제된 상태를 설명하면 다른 차로 교체를 해준다. 다만 문제가 발생된 지점에서 운행이 불가한 경우 어느 정도까지 빠른 서비스가 실행되느냐가 중요하고, 차량 교체가 가능한 지점이 어느 정도 가까운 곳에 있느냐가 중요하다. 이러한 점을 대비하여 가능하면 여러 곳에 지점을 두고 있는 큰 회사의 차를 렌탈하는 것이 좋다.

고장으로 인하여 차량을 바꿀 경우 계약서를 갱신하게 되는데 이때는 본인이 처음 렌트했을 때의 여러 조건들, 특히 보험과 관련하여서는 세심하게 살펴 오차가 생기지 않도록 해야 한다.

사고 처리

차량 운행 중 사고가 발생하면 사고 현장에서 반드시 경찰911번 또는 주에서 지정한 번호과 해당 렌탈 회사의 긴급지원 서비스센터로 연락한다. 24시간 근무이므로 사고 즉시 신고한 뒤 사고 경위서를 작성하여 해당 렌탈 회사에 제출하면 된다.

사고로 인한 치료비나 진단서 등은 후일 보험사에 제출할 자료가 되는 점을 명심하여 반드시 사고와 관련된 병원 자료를 잘 보관하여야 한다. 사고와 관련한 모든 자료, 상대방의 연락처와 같은 것도 사고 처리 완료될 때까지 보관하여야 함은 물론이다.

차량 운행 중 사고와 그에 준한 보상에 관한 내용은 렌탈 시 충분한 시간을 가지고 해당 렌탈 회사의 보상 기준 및 처리 내용을 살펴보도록 한다.

낯선 곳에서 여행을 하다가 사고를 겪게 되면 몹시 긴장하여 어떻게 사고 처리를 해야 할까 당황하게 된다. 절대 당황하지 말고 다음과 같은 절차를 이행하도록 한다.

① 사고 현장을 그대로 보존한다.

② 911로 경찰에 신고한다. 이때 경찰은 Police report를 작성하고 Case Number를 부여해 준다.

③ 렌터카 회사에 사고 접수한다.

④ 과실 여부에 따라 서로 간 인적사항을 주고받는다.

⑤ 이러한 절차를 마친 뒤 차량을 그대로 운행할지, 새로운 차로 바꿀지를 결정하도록 한다.

미국의 도로를 달리려면?

　미국에서 자동차는 여행 시작의 기본이라 해도 좋을 것이다. 자동차 여행은 철저하게 교통 법규를 지켜야 한다. 안전을 위해서도 그렇고 평생 기억에 남을 좋은 추억을 간직하기 위해서도 그렇다. 사실, 교통법규를 지키면서 더하여 양보 운전까지 실천하게 되면 운전하는 재미는 물론 여행의 즐거움 또한 배가된다.

미국의 도로교통 표지와 도로 종류

도로교통 표지

　도로교통 표지는 우리나라와 별반 다를 것이 없다. 일반 규제는 물론이고 주의와 경고를 주는 내용들 모두 대체로 그러한 편이다. 그림과 숫자만으로도 그 뜻을 충분히 이해할 수 있어서 미국 동부 여행을 준비하면서 그곳의 교통

미국의 도로교통 표지(www.google.co.kr)

표지판을 새로이 익힐 준비는 크게 하지 않아도 좋다. 그래도 좀 더 정확한 내용을 살펴보고 싶다면 구글 사이트에서 '미국 도로 및 교통 표지판'을 검색해보면 된다.

고속도로 종류

미국의 고속도로는 크게는 둘로, 작게는 네 개로 나누어 볼 수 있다. 주와 주를 연결하는 인터스테이트 하이웨이 Interstate highway와 유에스 하이웨이 US highway, 주 안에서 도시와 도시를 연결하는 스테이트 하이웨이 State highway, 그보다 더 작은 행정단위의 도로를 칭하는 카운티 하이웨이 County highway가 그것이다.

인터스테이트 하이웨이는 어느 한 주에 국한되지 않고 여러 주를 연결한다는 뜻에서 붙여진 이름으로 '주간 고속도로' 또는 '주 연결 고속도로'라고 하고 하이웨이 중에 가장 규모가 크고 번듯하다. 가운데 넓은 공터를 두고 왕복 차선을 분리한 곳도 많다. 인터스테이트 하이웨이는 줄여서 'I'로 읽는다. 예컨대 I−15 인터스테이트 고속도로는 'I fifteen'으로 읽는다.

유에스 하이웨이는 흔히 Highway 약어는 Hwy로 통칭하기도 하며, 때로는 US route로 지칭하기도 한다. 1960년 전후하여 유에스 하이웨이를 토대로 인터스테이트 하이웨이가 만들어진 만큼 이 도로는 미국 본토 전체를 망라하는 도로망의 골격을 이루고 있다고 할 수 있다. 유에스 하이웨이 중에는 앞서 말한 바와 같이 왕복 2차선에 불과한 것도 적잖다. 지금의 입장에서 보면 인터스테이트 하이웨이에서 갈라져 나온 지선인 듯 느껴지나 반드시 그런 것은 아니다. US−93 고속도로는 'US ninety three'로 읽는 것이 일반적이다.

스테이트 하이웨이는 말 그대로 주 안에서 도시와 도시 사이를 넘나드는 도로이다. 이 도로에서는 주별 행정을 그대로 보며주는 흥미로운 사실을 발견할 수 있는데 도로표지판이 그것이다. 인터스테이트 하이웨이와 유에스 하이웨이의 표지판이 미국 전체적으로 일관성을 유지하는 반면 스테이트 하이웨이는 주별로 제각각이다.

작은 행정단위인 카운티를 앞세운 카운티 하이웨이도 있다. 우리나라로 말하자면 일종의 지방도로라 하겠다. 그렇다고 해서 앞서의 유에스 하이웨이보다 무조건 작거나 협소한 것은 아니다. 도로를 달리다 보면 어느 것이 유에스 하이웨이고 어느 것이 스테이트, 또는 카운티 하이웨이인지 분간하기 어려운 것이 실정이다.

하이웨이와는 별도로 프리웨이freeway라는 명칭도 있다. 이것은 도로의 종류와 무관하게 통행료 없이 주행할 수 있는 도로라는 데에서 붙여진 이름이다. 통행료는 주마다 다른데 여러 주에서 쉽게 프리웨이를 만나게 된다.

도로 안내 표지판

인터스테이트 하이웨이와 유에스 하이웨이의 표지판은 그 형태와 색상이 일정하게 정해져 있다. 인터스테이트 하이웨이의 아래 부분은 파란색 바탕에 흰색 글씨로 도로번호가 적혀 있고, 윗머리 부분은 붉은색 바탕에 흰색 글씨로 'INTERSTATE'라 적혀 있다. 이와 달리 유에스 하이웨이는 흰색 바탕에 검정색 글씨로 도로번호를 적는다.

왼쪽은 인터스테이트 하이웨이, 오른쪽은 유에스하이웨이 표지판

스테이트 하이웨이는 흰색 바탕에 검정색 글씨로 도로번호를 적는 일반적인 원칙만 대체로 지켜질 뿐이고, 그 형태는 주에 따라 다른 경우가 많다. 심지어는 바탕색을 초록색으로 바꾼 곳도 있어 주에 따른 다양성과 개성이 드러나 흥미로움을 자아내게 한다. 주별 고속도로 표지판에 대한 자세한 내용은 구글 사이트에서 'US state highway marker'로 검색하면 된다. 우리말로 검색하면 우리나라 지방도로가 주로 나오는 폐단이 있어 이용하기가 다소 불편하다. 좀 번거롭더라도 영어로 검색하면 좋다.

카운티 하이웨이도 흰색 바탕에 검은색 글씨로 숫자를 적긴 하지만 모양은 통일성이 적다.

도시 안의 길 즉 가로에 대해서는 남북으로 연결된 것은 애비뉴^{Avenue}, Ave.로 줄여서 표시하고, 동서로 연결된 것은 스트리트^{Street}, St.로 줄여서 표시한다. 예를 들어 뉴욕의 6번가인 6th Ave.는 뉴욕 안에서 남북으로 달리는 여섯 번째 가로가 되며, 19th St.는 동서로 이어지는 19번째 가로가 되는 것이다. 도시 안의 가로 중 큰길, 즉 대로는 블러바드^{Boulevard}로 불리고 Blvd.로 줄여 표시한다. 이와 반대로 좁은 길, 즉 소로는 드라이브^{Drive}라 하며 Dr.로 표시한다.

도로 번호와 방향 표시

도로 번호는 끝자리의 짝수와 홀수로 구분된다. 홀수로 된 번호는 남북으로 연결하고, 짝수로 된 번호는 동서로 연결한다. 이 원칙은 도로의 종류라든가 형태와 상관없이 일률적으로 지켜지는 원칙이다. 예컨대, 95번 도로는 끝자리 숫자 5가 홀수이므로 남북으로 달리는 고속도로이고, 90번 도로는 끝자리 숫자 0이 짝수이므로 동서로 달리는 고속도로이다.

그리고 같은 도로 번호라 하더라도 방향이 정반대일 수도 있으므로 혼란을 없애기 위해 방향을 도로 번호와 함께 표기한다. 예를 들어 남북으로 달리는 95번 도로의 경우 도로 표지판의 위 또는 오른쪽에 'NORTH'와 'SOUTH'를 병기함으로써 북쪽 방향인지 남쪽 방향인지를 일러준다. 동서로 달리는 90번 도로의 경우엔 'EAST'와 'WEST'로써 각각 동쪽과 서쪽 방향의 도로임을 나타낸다.

그런데 도로번호를 매기는 데 있어서 도로의 종류에 따라 차이를 보이기도 한다. 인터스테이트 고속도로의 번호는 미국 본토의 서쪽에서부터 동쪽으로 갈수록, 또 남쪽에서부터 북쪽으로 갈수록 번호가 커진다. 예를 들어 I-5는 미국 서부 해안 쪽을 남북으로 달리고, I-90은 미국 본토의 북부 쪽을 동서로 달리는 고속도로이다. 그러나 유에스 고속도로는 이와 반대로 번호를 매긴다. 미국 본토의 중심부인 동쪽에서부터 서쪽으로 나아가면서 1부터 100번까지, 그리고 북에서 남으로 내려가면서 일련번호를 붙여 나간다. 예를 들어

인터스테이트 고속도로

US-1은 워싱턴 DC를 관통하면서 남북으로 달리고, US-101은 본토의 서쪽 끝인 태평양 해안을 따라 남북으로 달리는 고속도로이다. 그런가 하면 US-2는 캐나다 국경과 인접한 북쪽 지역을 동서로 횡단하며, US-90은 이와 반대로 멕시코와 인접한 국경 지역에서부터 플로리다 주 동쪽 끝 해안까지의 본토 남부를 동서로 횡단하는 고속도로이다.

세 자리 숫자로 된 도로 번호는 대체로 첫 자리와 나머지 두 자리를 나누어 읽는 특징이 있다. 예컨대, US-143 고속도로는 'US one fourty three'로 읽는 것이 일반적이다. 이 중 첫 번째 숫자 즉 100 자리에 놓이는 숫자가 홀수냐 짝수냐에 따라 도로의 성격이 다르다. 홀수 번호의 첫 번째 숫자는 해당 고속도로에서 갈라져 어딘가에 닿는다는 뜻이고, 짝수 번호의 첫 번째 숫자는 해당 고속도로에서 갈라져 나와 다른 고속도로로 연결된다는 것을 가리킨다. 예를 들어 I-295 도로는 첫 자리 숫자 2가 짝수이므로 95번 도로에서 갈라져 나와서 다른 도로에 연결되는 도로라는 뜻이고, I-795는 첫 자리가 홀수이므로 95번 고속도로에서 갈라져서 어떤 도시에 이른다는 뜻이다.

이상 설명한 도로 번호 체계는 인터스테이트와 유에스 고속도로에 적용된다. 주 또는 카운티에서 부여한 도로 번호는 이 체계와 다르다. 예를 들어, 미국 본토의 서쪽 끝 태평양 바닷가를 남북으로 달리는 도로는 해안 절벽이라든가 긴 모래사장을 끼고 달리기 때문에 멋진 절경으로 이름난 도로인데 1번 도로로 매겨져 있다. 앞서 말한 US-1 도로와는 아무 관련 없이 주에서 매긴 도로 번호이기 때문이다.

고속도로 번호와 관련하여 유념할 사항 중의 하나는 동일한 도로임에도 둘 또는 서넛의 도로 번호가 함께 붙어 있는 경우가 많다는 사실이다. 일정한 지점과 지점 사이에서 똑같은 도로임에도 불구하고 도로의 종류와 번호가 서로

겹치기 때문이다.

미국에서 자동차로 여행을 하고자 한다면 인터스테이트 고속도로에 대해서만 정확히 이해해도 운행에 큰 불편은 없을 것이다. 나머지 고속도로들—유에스 하이웨이나 스테이트 하이웨이, 카운티 하이웨이—에 대해서는 도로 종류에 상관없이 가고자 하는 곳의 도로 번호만 확인하면 목적지를 찾는 데 큰 어려움이 없다.

운전 규칙과 요령

① 운전 규칙은 대체로 한국과 같으나 몇 가지 차이점이 있으므로 유의해야 한다. 한국과 마찬가지로 운전석은 왼쪽이고, 도로 우측 주행이며 신호 규칙도 거의 마찬가지이다.

② 고속도로 제한속도는 도로마다 다르지만 보통 최대 속도 65~70마일104~112km이나 시속 75마일120km까지인 곳도 있다. 도심 지역으로 진입하면 제한속도는 55마일88km로 떨어지고 도심의 제한속도는 보통 45마일72km에서 최소 15마일24km까지 떨어진다.

속도 제한 표지

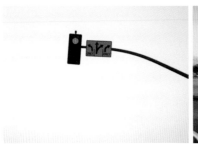

신호등 사진

③ 신호등이 청신호일 때 출발하고 적신호일 때 정지한다.

④ Stop 표지가 있는 곳이면 어 김없이 일단 정지를 해야 한다. 살 살 기는 듯한 운전도 허용되지 않 는다. 표지판마다 위반 여부를 살 피는 기계나 사람은 없지만 어쩌 다 걸리면 벌칙 내용이 엄한 만큼

stop 표지

무조건 일단 정지 후 주변을 살펴 출발하여야 한다.

⑤ 우회전의 경우 우회전을 금한다는 표시가 없는 한 일단 차량을 정차시킨 후 우회전을 하면 된다. 단, 뉴욕 시와 같은 일부지역에서는 신호등이 적신호 일 때 우회전을 금하므로 유념해야 한다.

⑥ 좌회전은 신호에 따르면 된 다. 별도의 좌회전 신호가 없는 교 차로에서는 직진신호파란색가 떨어 졌을 때 마주 오는 차량이 있는지 여부를 살펴 좌회전하면 된다. 좌 회전 신호를 별도로 주는 곳보다

좌회전 신호

없는 교차로가 일반적으로 훨씬 더 많다.

⑦ 교차로 정지 표시판이 있을 경우, 교차로에 먼저 진입한 차량이 통행 우선권이 있으며, 차량이 동시에 진입하는 경우 우측 차량에 통행 우선권이 있다.

⑧ 우측 차선으로 달리는 중에 'Right Lane Must Turn Right'란 표시가 있으면 이 선은 반드시 우회전 차량만 운행할 수 있는 길이므로 우회전할 것이 아니면 좌측 차선으로 이동해야 한다.

⑨ 신호등이 있는 곳에서의 U-Turn은 좌회전 신호에서 가능하다.

⑩ 노란색 School Bus가 정차해 있을 때 절대 추월하면 안 된다. 노란색 버스의 운전자는 경찰에 준하는 권한을 가지고 있으므로 노란색 버스 또는 그 기사에 대해서는 절대 양보의 정신으로 대해야 한다.

⑪ 경찰차나 소방차, 앰뷸런스 등과 같은 응급차량이 다가올 때는 막힘없이 지나갈 수 있도록 반드시 비켜줘야 한다.

⑫ 운전 중 휴대전화로 통화를 하거나 문자를 보내거나 하는 행위는 점차 불법으로 간주하는 추세이므로 절대 삼가도록 한다. 핸즈프리를 사용할 것을 권한다.

⑬ 음주 운전에 대한 처벌이 매우 엄하다. 일부 주에서는 차 안에 술을 넣고 다니는 것조차 불법으로 간주하므로 절대 삼가도록 한다. 비록 빈병이나 캔이라 하더라도 차 안에 두고 다니는 일은 삼가고, 필요한 경우엔 뒤 트렁크에 넣도록 한다.

⑭ 자동차 교통법규를 지키지 않았을 때 내는 위반 범칙금은 미국의 경우 매우 비싸다. 교통법규를 철저히 지키는 것이 안전은 물론 여행비용을 절감하는 또 하나의 방책이 될 수 있다.

⑮ 운전을 하다 보면 엉뚱한 출
구로 잘못 나가서 반대 방향으로
가는 경우가 생길 수 있다. 이때는
다음 출구로 빠져나가서 방향을
바꾸면 된다. 미국의 고속도로는
Exit로 나가서 오던 방향으로 되

출구 표지

돌아가서 진입할 수 있도록 되어 있다. 따라서 잘못 빠져나간 경우엔 두 번 유
턴 U-turn한다는 느긋한 마음으로 운전하면 된다.

⑯ 차로 바닥에 다이아몬드형 마
름모꼴 표시가 있는 곳은 카풀레
인 Car Pools Lane이다. 여러 사람이
함께 탔을 때만 이 차선을 이용할
수 있다. 차로 바닥과 길가 안내
표시판으로 쉽게 알 수 있다. 이를

카풀레인 표지

어길 때는 벌금을 내야 하는데 금액이 대단히 크다. 승차 최소 인원이 2인 또
는 3인인지, 규제하는 시간이라든가 진입구 및 출구 등은 표시판으로 확인하
면 된다.

교통법규 위반

특히 과속이 문제가 될 수 있다. 한국과 달리 길이 넓고 한적하여 무심코 속
도를 올려 달릴 수 있는데 이때를 기회로 교통경찰이 나타나는 경우가 있다.

미국 동부 렌터카 여행 & 블루리지 파크웨이

이때는 현장 경찰관에 의해 발부된 범칙금을 지정된 날짜와 은행에 직접 납부하면 된다. 카메라 단속에 의한 경우에는 보통 우편으로 범칙금 티켓이 발송되고 티켓 발송 시 안내되는 방법에 따라 지불하면 되는데, 렌터카의 경우는 대부분 렌탈 시 사용했던 신용카드에서 사전고지 없이 지불된다. 이는 렌터카 영업소로 납부고지서가 전달되기 때문이다.

고속도로의 경우 주행하는 방향의 갓길이나 한쪽 귀퉁이에서 교통경찰이 지키고 있는 경우는 많지 않다. 그러나 간간이 교통경찰 차량을 비롯한 특수 목적의 차량들만이 역방향으로 돌릴 수 있는 공간들이 마련돼 있어 경찰차가 대기하고 있는 모습을 볼 수 있다. 주행하는 반대쪽 방향에서 느닷없이 턴하여 단속하기도 한다는 것이다. 이뿐만 아니라 아주 먼 거리에 마치 송신용 안테나 같은 것이 높이 서 있는데 이곳에서도 원거리 과속 단속을 하기도 한다. 방심하면 큰일이라 할 만하다. 미국의 경우 교통위반 범칙금은 그 금액이 매우 큰 만큼 규정 속도를 지키는 것은 물론 제반 교통법규를 철저히 지켜 운전하는 것이 좋다. 운전자 본인과 동반자, 그리고 여행객 모두의 안전과 쾌적한 여행과 삶을 위해서도 교통법규는 꼭 지켜야 할 일이다. 교통법규 위반자 역시 결국엔 일종의 범죄자로 취급된다는 사실을 명심해야 한다.

주차 및 휴게소 이용

주차

호텔이나 쇼핑센터, 슈퍼마켓, 레스토랑, 주유소 등과 같이 주차공간을 보유한 곳에서는 무료주차가 가능하다. 특히 쇼핑센터나 슈퍼마켓, 주유소는 모두 그러한 편이다. 그러나 호텔이라고 해도 주차 공간이 협소하거나 유명 관광지, 특히 도심은 유료주차장이나 거리주차를 이용해야 한다. 유료주차는 주차공간이 별도로 형성된 곳도 있고 동전이나 카드 사용이 가능한 거리주차도 있다.

유료주차장

한국과 마찬가지이다. 들어갈 때 표를 끊고 나올 때 주차한 시간만큼의 금액을 지불하면 된다. 출입구에 관리인이 있는 경우도 있고, 무인으로 자동기기를 이용하는 곳도 있다. 한국과 마찬가지인 시설이므로 이용하기는 쉽지만 주차료가 비싸다는 게 흠이다.

유료주차장

도로변 유료주차는 동전 또는 카드 사용해야

비어 있는 주차 공간을 이용하면 된다. 의외로 간단한데 처음 이용할 땐 조금 혼동된다. 길거리 주차 공간에 세워진 기계마다 조금씩 다르긴 하지만 보통은 먼저 주차를 하고 앞이나 옆에 있는 주차 기계의 구멍에 동전을 넣으면 된다. 이때 사용할 수 있는 동전은 대부분 25센트 Quarter이다. 이것도 조금씩 다르지만 대개는 25센트 1개를 넣으면 15분이고 2개를 넣으면 30분을 이용할 수 있다. 2시간을 허용하는 곳이 많아서 25센트 8개가 한계인 경우가 많다. 같은 조건으로 주차 카드를 사용할 수도 있다. 여행을 하는 동안은 동전을 이용하는 것이 편하다. 이때 주의할 점은 동전을 넣고 확인된 시간만큼만 주차를 해야 한다는 것이다. 주차 기계 금액 표시판에 '0'으로 되어 있는 순간부터 불법주차가 되고 주차위반 벌금을 내야 한다. 주차 단속은 일정 시간마다 도는데 벌금이 적지 않으므로 최대한 표시된 시간을 지키는 것이 좋다.

때로는 주차 공간 바닥에 번호가 적힌 곳도 있다. 이때는 바닥에 적힌 번호를 기계에 입력하고 동전이나 카드로 주차료를 지불하면 영수증이 나오는데 이 영수증을 운전석 앞 유리면에 놓아두면 된다.

도로변 유료주차의 여러 행태들

도로변 무료주차

201쪽의 사진과 같은 표시판이 있는 곳에 주차를 하면 된다. 단, 조심할 것은 그 표시판에 적혀 있는 내용을 꼼꼼히 읽어 봐야 한다는 것이다. 내용을 정확히 이해하지 못하여 주차위반 벌금을 내는 경우도 있음을 유의해야 한다.

주차 시 주의할 점

최근에는 한국도 마찬가지이지만 특히 미국은 주차 공간에 장애인 전용 주차 표시를 한 곳에는 절대로 일반차량이 주차를 하면 안 된다. 주차 공간이 매우 협소한 곳일지라도 이 표시가 되어 있는 곳은 장애인 및 노약자인 경우가 아니면 절대 주차를 하지 않는다.

차도와 인도를 구분하는 연석 Curb에 붉은색 페인트가 칠해진 곳은 주차금지 구역이고, 노란색은 잠시 동안만 주·정차가 가능한 곳이다. 소화기가 있는 곳도 주차금지이므로 이도 반드시 지켜야 한다. 이를 어길 경우 견인될 수 있으니 유의해야 한다.

휴게소 이용 요령

여행을 즐기는 또 하나의 방법은 도로변 휴게소를 적절히 이용하는 것이다. 식사는 물론 생리적 문제 해결, 간단히 피로를 풀 수 있는 오락게임이나 꿀잠 등을 즐길 장소를 잘 알아두면 여행의 기쁨을 한층 더 높일 수 있다.

미국의 고속도로 휴게소는 한국과 그 개념이 완벽히 일치하지는 않는다. 주마다 형태나 규모가 다르기도 하고, 한 곳에서 다른 곳까지의 거리라든가 소요시간도 일정하게 정해진 것이 없는 편이다. 따라서 까딱하면 쉴 곳을 놓쳐 힘겹게 운전대를 잡고 한없이 도로만 따라 달려야 할 때도 있다.

미국 동부 렌터카 여행 & 블루리지 파크웨이

도로변 무료주차의 예들

오후 4시부터 6시까지 주차 금지, 위반하면 강제 견인함. 오전 8시부터 오후 4시까지는 1시간 이내 주차 허용.

왼쪽 도로변은 주정차 금지. 오른쪽 도로변은 오전 1시부터 9시까지는 주차 금지, 그 나머지 시간대에는 3시간 이내 무료주차 허용.

오른쪽 도로변은 무조건 주정차 금지, 위반하면 강제 견인함. 왼쪽 도로변은 월요일부터 금요일까지는 오전 1시부터 10시까지 주차 금지, 그 나머지 시간대엔 3시간 이내 무료주차. 단, 장애인 및 예약된 경우엔 예외임.

화요일 정오부터 오후 2시까지는 도로 청결 작업 관계로 주차 금지함. 월요일부터 금요일까지는 오전 8시부터 오후 6시까지 2시간 이내 주차 허용. 단, 인가된 차량은 예외임.

고속도로변 출구 Exit를 잘 이용해야

그러나 사람 사는 곳에 어디 불편만 있겠는가? 편리를 위한 공간은 반드시 마련되어 있다. 주마다 다르긴 하지만 한결같이 휴게소 개념으로 정해진 곳이 있는데 바로 출구다.

가는 중간중간, 아주 자주 출구를 만나게 된다. 출구로 표시된 길로 빠져나가면 그 표지판에 그려진 모든 것들이 다 있다. 단지, 잠시 빠져나갔다가 다시 고속도로로 들어와야 한다는 약간의 번거로움이 동반되긴 한다. 그러나 그리 불편한 일은 아니다. 어떤 곳은 마을 안에 있는 곳들을 표시해 두는 경우도 있어 여행 일정에 없는 새로운 곳을 만나볼 수 있는 신선한 기쁨도 누리게 된다.

Food Exit

Gas Exit

Gas와 Food 출구 표지

Rest Area 출구 표지판

미국 동부 렌터카 여행 & 블루리지 파크웨이

고속도로와 국도 휴게소 종류들

때론 기분 좋게도 한국과 형태가 엇비슷하면서 널찍하게 도로변에 바로 붙은 휴게소도 만날 수 있다. Service Plaza, Service Area, 그리고 Lee Service ^{Lee는 지명임}와 같이 해당 지명을 앞세우고 '… Service'라 적힌 곳들인데 우리나라 휴게소처럼 도로변에 있어 쉽게 들어갔다 나올 수 있다. 주유와 식사, 화장실 이용은 기본이고 더하여 간단한 쇼핑과 관광 안내까지도 덤으로 제공된다.

또한 우리나라의 졸음쉼터와 유사한 성격의 Rest Area라는 곳도 있다. 이 역시 도로변에 가까이 있는 것이 대부분이다. 곳에 따라서는 간단한 음료와 과자 등을 자동판매기를 통해 살 수가 있는 곳도 있고 피크닉 장소가 마련된 곳도 있다. 화장실은 반드시 있다.

국도의 경우는 주유소에서 모든 것들을 간단히 해결할 수 있다. 주유소 시설만이 아니라 간략히 용변과 음료, 간식 등을 해결할 수 있게끔 되어 있는 곳이 많다. 또한 국도변에서 규모는 작지만 고속도로 휴게소와 같은 형태의 쉼터를 곧잘 만나기도 한다.

미국이란 나라는 한마디로 자동차의 나라다. 거의 대부분

Service Plaza

Rest Area

자동차로 운신을 하는 만큼 비
록 작은 시골길이라 하더라도
길지 않은 간격마다 주유소가
있다. 가끔 외진 동네의 허름한
주유소에서 기름을 넣어야 할
경우 혹시나 약간의 무서움 같
은 것이 생길 수 있겠으나 사람

Lee Plaza

사는 곳은 어디나 마찬가지다. 염려하지 않아도 된다. 다들 안전하다. 국도의
경우 화장실 이용은 보통 주유소에서 해결할 수 있다. 아주 친절하게 대해 줄
뿐만 아니라 당연히 그러한 것으로 여기곤 한다.

　고속도로를 이용할 때 한국의 휴게소처럼 한 지점과 다른 지점과의 거리 산
정을 정확히 해준 곳이 그리 많지 않기 때문에 일단 쉬는 곳에서 다시 이동을
시작할 때는 휴게소에서 볼 수 있는 일들은 다 보는 것이 좋다.

고속도로 통행료 및 유료도로

한국과 별다름이 없다. 다만, 주마다 통행료를 내는 곳과 그렇지 않은 곳이 있음은 차이라 할 수 있다. 미국의 동부 및 중부 여행을 할 때는 고속도로 통행료를 준비해야 한다. 통행료는 현금으로 내는 경우와 Plate Pass로 내는 경우로 나뉜다.

Plate Pass 명칭은 판독시스템의 종류에 따라 구분된다. 판독시스템이 전자단말기인 E-Z Pass나 I-Pass가 있는가 하면, 비디오 방식의 판독시스템인 EZ Tag/Toll Tag/TX Tag, Sun Pass/E Pass/LEEWAY, Express Toll, Fas Trak, Good to go! 등이 있다. 그리고 전자태그^{Transponder} 방식의 Auto Express도 있다. 이들 모두 한국의 고속도로 하이패스와 같다고 보면 된다. 그런데 이들 사용 방식 역시 주마다 다르다. 미국의 중부 및 동부지역을 여행할 때는 전자단말기인 E-Z Pass나 I-Pass를 장착하면 된다. E-Z 또는 EZ는 영어 단어 easy^{쉽다, 쉬운}를 표현한 약어이다.

고속도로 통행료와 단말기 이용료는 자동차 렌탈과는 요금이 별개이다. 단말기 사용료는 렌탈 시 렌탈 회사에 지불하고, 단말기를 이용하여 유료 고속도로를 통행하였을 때의 통행료는 사전고지 없이 나중에 렌탈 시의 신용카드

차 안과 밖에서 본 E-Z Pass 기계

통행료 내는 지점

에서 지불된다.

그런데 어떤 구간은 반드시 현금으로만 통행료를 지불하도록 한 곳도 있다. 여행지가 한 곳이 아니고 여러 곳을 다닐 때는 렌터카에 단말기 장착은 물론 이고 약간의 현찰과 동전을 준비하는 것이 좋다. 미국은 요금 지불을 연체한 경우 대단히 높은 범칙금을 부과하는 경우가 많아 통행료는 겨우 1~2달러였다 하더라도 나중 청구 금액은 몇 배로 큰 금액을 내야 한다. 통행료에 관하여 자세히 알아보려면 http://www.platepass.com에 접속하면 된다.

부록

미국인,
미국에서의 생활 정보

생활예절과 팁 문화, 그리고 세금

생활예절

한국과 달리 자그마한, 예를 들면 어깨를 살짝 부딪쳤다든가, 앞을 가로막 았다든가, 줄 선 순서를 깜박하고 먼저 나섰다든가 등등의 사소한 실수에도 대부분의 미국 사람들은 'Sorry'와 'Excuse me'와 같은 말을 곧바로 한다. 이 와 반대로 아주 작은 고마움에 대해서도 예외 없이 'Thank you'로 답례를 한 다. 'Sorry'와 'Excuse me', 그리고 'Thank you'와 같은 말들은 우리가 익혀 두 어도 좋을 언어예절이 아닐까 싶다.

혹여나 여행 중 남에게 폐를 끼치는 일이 생기면 실수를 적극 인정하는 태 도를 보이는 것이 좋다. 줄을 서 있는 사람들 앞이나 옆을 지날 때 가능한 다른 사람을 가로막지 않도록 조심해야 하고, 다른 사람 앞을 지나갈 때는 'Excuse me'와 같은 말을 하는 것이 좋다. 또한 줄을 섰을 때에 앞사람에게 너 무 다가가는 것도 삼가야 한다. 공공장소에서 앞사람의 업무가 완전히 끝나기

미국 동부 렌터카 여행 & 블루리지 파크웨이

전에 앞질러 카운터로 다가서지 않는 것도 당연한 일상 생활방식이다. 식당을 이용할 때 역시 안내 없이 홀 안으로 들어서지 말고 입구에 서서 인원수를 알려준 후 자리 안내를 받을 때까지 서서 기다리는 여유를 보여 주는 것이 좋다.

한국 사람들은 흔히 어렸을 적부터 유교주의적인 교육에 힘입어 말을 삼가고, 칭찬을 아끼고, 잘못은 따끔하게 야단치고, 어른에게 자신의 의견을 함부로 드러내지 말고 등등과 같은 일들을 작은 예절로 익혀 왔다. 그래서 그런지 여행을 하면서도 입을 꼭 다물고 무표정한 얼굴로 일관하는 경우가 많다. 문화 차이라고 할 수 있겠다. 미국 사람들은 거의 대부분 아는 사람은 물론이고 처음 만나거나 전혀 모르는 사람에게도 인사를 곧잘 건넨다.

여행을 하면서 마주치는 사람들을 향해 기분 좋게 'Hi!', 'Hello!', 'How are you?', 'How's it going?'과 같이 먼저 인사를 건넬 수 있으면 좋겠다. 이 중 가장 무난하고 손쉬운 표현이 'Hi!'인데, 그야말로 인사말인 만큼 상대방의 말은 안 들어도 되고 무슨 뜻인지 몰라도 무방하다. 그것이 익숙하지 않다면 그들이 건넨 인사말에 살짝 웃어만 주어도 충분한 답이 될 수 있겠다. 아주 간난하게 'Fine.'이나 'Good.'과 같은 말을 주고받는다면 더없이 좋지 않을까 한다. 무뚝뚝한 표정으로 쳐다본다든지, '왜 알지도 못하는 사람에게 말을 걸지?'와 같은 마음속 의문을 가지는 것은 곤란하다.

낯선 사람일지라도 유난히 밝은 미소와 함께 인사말을 주고받는 미국인들의 예절에 대해 서부개척시대로부터의 잔재라고 폄하하는 견해가 있다. 심각한 표정을 짓거나 못마땅한 태도를 보였다간 자칫 총 맞을지 모르기 때문에 살아남기 위한 방편에서 유래했다는 식으로 설명하곤 한다. 다소 그럴싸하고 현학적으로 보이는 견해인 듯하지만 설혹 그렇다 하더라도 밝은 얼굴로 주고받는 인사말은 사람의 기분을 좋게 만듦이 분명하다. 나라마다의 일상적인 예절이 있고 규범이 있다. 비록 단순히 지나쳐 갈 곳이라 하더라도 그곳의 예절과 규범을 따라주는 것도 여행의 또 다른 즐거움이 되지 않을까 한다.

"안녕하세요."

이렇게 먼저 인사말을 건네 보면 어떨까?

팁

한국과 다르게 서비스를 제공하는 직원에게 팁을 주어야 한다. 식당레스토랑, 호텔, 미용실, 택시 등은 반드시란 수식어가 붙는다. 식당에서는 보통 세금을 제외한 순수한 음식값의 15%를 기본으로 20%까지 준다. 그러나 서비스가 맘에 안 들었다 하면 팁을 조금만 주어도 무방하다. 직원에게 서빙을 받는 식당이나 카페, 술집 등등에서는 좌석에 앉아서 계산을 하게 되어 있다. 카드로 계산을 하겠다고 하면 먼저 직원이 카드를 가지고 가서 오픈해 놓고 영수증 2개를 가지고 온다. 2개의 영수증에 똑같은 금액의 팁을 각각 적고 사인을 한 후 하나는 탁자에 그대로 두고, 하나만 가지고 나오면 된다. 현금으로 계산을 마친 경우에는 팁을 탁자에 놓아두고 나오면 된다. 이때 주의할 점이 있는데, 간혹 팁을 미리 계산해 놓고 청구하는 경우가 있다. 계산서를 꼼꼼히 살펴보고 결제를 하도록 한다.

미국에서 팁은 기본이지만 뷔페나 패스트푸드와 같은 셀프 음식점을 이용하였을 때는 별도의 팁을 주지 않는다. 그런 경우에도 직원의 서비스를 고맙게 느꼈다면 물론 약간의 팁을 줄 수는 있다. 식사하는 장소에서 종업원이 여행객 부부 또는 일행 사진을 여행객의 요청에 의해서, 아니면 종업원이 자진해서 찍어 주었다면 그때도 약간의 팁을 주는 것이 좋다. 아마도 동양 사회에서라면 사진 찍어 준 종업원에게 돈을 준다는 일이 종업원으로 하여금 성의를 무시한 처사로 받아들여 자존심을 상하게 할지도 모른다. 그러나 미국 사회에선 감사의 표시로서 아주 작은 돈을 팁으로 줄 경우 물리치지 않는 것이 보편적이다.

호텔과 같이 숙소를 이용하고 나올 때도 팁은 마찬가지다. 보통 2~3달러를 침대 위에 놓거나 베개 밑에 놓아두고 오면 된다. 방 청소를 맡은 종업원들에게는 전통적으로 '베개 밑 1달러'라는 기쁨으로 이어져 온 관례다. 호텔 입구나 로비에서 방까지 짐을 들어 주는 사람에게도 2~3달러의 팁을, 호텔에서 택시를 불러 주거나 주차한 차를 가져다주는 사람에게도 2~3달러를 주곤 한다.

택시 기사에게는 택시 요금의 15%를 보통 주게 되는데 짐이 많을 경우에는 조금 더 주는 경향이 있다. 마사지를 받거나 했을 때도 15~20%까지의 팁을 줘야 한다.

팁 문화가 어쩌면 서비스 직원들의 친절을 유도하는지도 모른다. 미국 여행을 하면서 작은 레스토랑을 이용할 때는 한국에서 느껴보지 못한 친절을 자연스럽게 느끼게 된다. 고급 레스토랑의 경우에는 더욱 그러하다. 음식값 외의 돈이 나간다는 것이 별로 달갑지는 않으나 팁만큼의 친절함과 배려심은 식사를 하는 내내 기분을 즐겁게 해주기도 한다. 일장일단一長一短이란 말을 절로 떠올리게 하는 팁 문화다.

세금

미국을 여행할 때 쇼핑 후 내야 하는 세금이 있는데, 모든 소비에 따라붙는 판매세 또는 소비세Sales taxes가 그것이다. 표시된 금액에는 세금이 포함되지 않은 경우가 대부분이므로 물건을 구입하거나 숙소를 예약하거나, 음식점을 이용하거나 등등의 경우 그 해당 금액에 세금이 포함되어 있는지 여부를 반드시 확인해야 한다. 적게는 4%에서 많게는 11%까지 부과된다. 그러나 세금이 부과되지 않는 주도 있다. 델라웨어, 몬태나, 뉴햄프셔, 오리건 주가 그렇다. 부분적으로 세금이 면제되는 주도 있는데 미네소타 주의 경우는 의류 구입 시 별도의 소비세를 내지 않는다.

애리조나, 캘리포니아, 콜로라도, 코네티컷, 플로리다, 인디애나, 아이오와, 메인, 메릴랜드, 매사추세츠, 미시건, 미네소타, 뉴멕시코, 뉴욕, 오하이오, 사우스캐롤라이나, 텍사스, 워싱턴, 와이오밍 주는 식료품을 구입할 때 소비세가 붙지 않고, 뉴저지와 펜실베이니아, 로드아일랜드 주는 의류와 식료품 구입 시 소비세가 면제된다.

미국의 소비세는 주와 지방정부 County City에서 거두기 때문에 주마다 다르고 같은 주라고 해도 도시마다 약간씩 차이가 있다. 여행을 계획할 때 쇼핑을 즐기고 싶다면 이런 특성을 살펴봄도 재밌는 일이 될 수 있다. 소비세에 관한 자세한 내용은 www.sale-tax.com 사이트를 참고해 볼 수 있다.

화장실 이용과 일상생활 정보 및 팁

화장실 이용하기

사람의 생리현상은 여행에서 가장 중요하게 생각해야 하는 부분이다. 좋은 차와 호텔, 그리고 멋진 곳을 두루 살펴보는 여유, 맛난 음식을 먹는 재미 등등이 좋다고는 하나 여행 중에 혹은 여기저기 다니는 중에 갑자기 생리현상을 극복해야 할 일이 생긴다면 이처럼 난감한 일도 없을 것이다.

낯선 곳에서의 화장실 이용은 마음을 조급하게 만들기에 충분하다. 한국과 달리 미국은 대형 쇼핑센터나 호텔, 박물관, 도서관 등과 같은 장소를 제외하고는 화장실 이용이 그리 공개적이지 않다. 자유롭게 이용할 수 있는 공공화장실이 많지 않은 편이다. 고속도로나 국도의 경우는 휴게소를 이용하면 되지만 도심에서는 그리 녹록하지 못하다. 이럴 때 마음 편하게 들어가서 살짝 볼일을 보고 나올 수 있는 곳이 있으니 그곳이 바로 맥도널드와 같은 패스트푸드점이다. 간단한 식사 대용의 장소로도 퍽 괜찮다. 주유소가 눈에 뜨이면 바로 들어가면 된다. 먹지 않고, 사지 않고, 관람료 내지 않고 그러면서 공짜로 화장실을 이용할 곳으로 이 두 곳은 고마운 장소 제공처임이 분명하다.

휴일

여행을 하는 중에는 여행지의 휴일을 살펴두는 것도 유용한 일이다. 갑작스럽게 필요한 물품을 구입하려거나 약국을 이용하려거나, 어느 특정한 곳을 찾아가려고 할 때, 휴일이어서 문을 닫거나 운영되지 않는 시설 및 공간이 많기 때문이다. 특히 미국의 추수감사절과 크리스마스와 같은 공휴일엔 수많은 사람들이 이동을 한다. 공휴일 당일뿐만 아니라 그 전후에 많은 사람들이 이동하고 붐빈다. 따라서 공항이나 도심으로 들어가고 나오는 도로가 매우 복잡해지며 문을 열지 않는 상점들이 많다.

지역이나 도시에 따라 축제가 열리는 기간도 숙소 구하기를 비롯해 교통 및 일상 업무를 보기 어려운 경우가 많으므로 참고해야 함은 물론이다. 미국의 공휴일은 다음과 같다.

[미국의 공휴일]

1월 1일	:	신년 New Year's Day
1월 셋째 월요일	:	마틴 루터 킹의 날 Martin Luther King Jr Day
2월 셋째 월요일	:	워싱턴 탄생일 Washington Birthday/
		대통령의 날 President's Day
5월 마지막 월요일	:	전몰장병추모일 Memorial Day
7월 4일	:	독립기념일 Independence Day
9월 첫째 월요일	:	노동절 Labor Day
10월 둘째 월요일	:	콜럼버스의 날 Columbus Day
11월 11일	:	재향군인의 날 Veteran's Day
11월 넷째 목요일	:	추수감사절 Thanksgiving Day
12월 25일	:	크리스마스 Christmas

전기

미국은 한국과 다르게 120V 60Hz를 쓴다. 따라서 거기에 맞는 플러그를 몇 개 미리 준비해 가지 않으면 낭패를 보게 된다. 플러그가 없으면 스마트폰 충전은 물론 컴퓨터와 인터넷 사용에 어려움이 있을 수 있고 준비해 간 헤어드라이어라든가 기타 전기 제품들이 무용지물이 되므로 유의해야 한다. 한국의 국내 가전제품들은 220V용으로 출시되고 있다. 그러나 최근 제품들은 많은 부분 110~240V 겸용으로 나오기 때문에 미국에서 사용하는 데 큰 문제가 대두되는 건 아니다. 그러나 전압 겸용이 아닌 것도 있을 수 있으므로 미리 살펴 두는 것이 좋다.

미국 동부 렌터카 여행 & 블루리지 파크웨이

업소별 영업시간

미국의 근로시간은 통상 하루 8시간으로 정해져 있다. 단지, 주와 지역에 따라, 업무 및 영업의 형태와 종류에 따라, 시작과 마침의 시간이 유동적으로 조금씩 다르다. 대략적인 근무시간은 다음과 같다.

① 병원

응급실은 24시간, 보통 아침 9시에 시작하여 오후 5시나 6시까지 진료하고 그 이후의 시간은 응급실에서 진료를 하는데 진료비가 몹시 비싸다. 토요일은 오후 9시까지 하기도 한다.

② 약국

미국의 의약품은 슈퍼마켓이나 약국에서 구입할 수 있다. 의사의 처방전을 가지고 약을 구입할 때는 약국이나 마켓 안에 있는 약국의 약사에게 약에 대한 설명을 듣고 구입하면 되고, 의사 처방전이 필요 없는 약품은 약국이나 마켓에서 일반 상품을 사듯 자유롭게 구입하면 된다.

약국 역시 주와 도시에 따라 일정 시간 열고 닫는 시간이 다르지만 보통은 오전 9시에서 오후 9시까지 영업한다. 토요일이나 일요일은 오전 9시에서 6시까지 하는 것이 일반적이다. 대형 약국일 경우는 늦은 밤 11시나 새벽 1시까지, 심지어는 24시간 영업하는 곳도 있다. Walgreen, CVS, Rite Aid 등이 미국 내의 대형 약국에 해당한다. 이들 약국은 여행 도중 곳곳에서 찾아볼 수 있을 만큼 미국 전역에 많은 지점을 가지고 있다.

③ 은행

지점마다 조금씩 다르나 보통 주중은 오전 9시부터 오후 5시까지, 토요일은 오전 9시부터 낮 12시까지이다. 그러나 어떤 지점은 오전 9시부터 오후 6시까지 근무하기도 하고 주요 지점들은 토요일에도 평일과 비슷하게 근무하기도 한다.

④ 우체국

보통 월~토요일은 오전 9시부터 오후 5시까지 운영되고, 지점에 따라 월~금 오전 9시부터 오후 4시까지 운영되기도 한다. 주요 우체국은 오전 8시 30분부터 오후 6시까지 운영되기도 한다.

⑤ 일반 상점

월~토요일 오전 10시부터 오후 6시까지 영업하지만 이보다 늦은 시간까지 하는 곳이 있고 토요일에도 문을 여는 곳이 많다.

⑥ 레스토랑

다들 조금씩 다르지만 대체적으로 오전 11시에서 밤 10시까지 문을 연다. 그러나 금요일과 토요일은 늦게까지 영업하는 곳이 많다. 아침 식사가 가능한 곳도 있고 그렇지 않은 곳도 있다. 또한 저녁식사만 하는 곳도 있다. 점심과 저녁 사이에 아예 문을 닫는 곳도 많다. 고급 레스토랑의 경우엔 반드시 예약을 해야 하지만, 도로변의 레스토랑은 사전 예약 없이도 이용 가능한 곳이 거의 대부분이다.

⑦ 패스트푸드점

지역마다 조금씩 다르지만 보통 24시간 문을 여는 곳이 많다. 맥도널드, 서브웨이, 버거킹은 한국에서도 쉽게 볼 수 있는데 여행 중에 가장 많이 볼 수 있는 곳이다. 값이 비싸지 않고 종류도 다양하여 간편하게 한 끼를 대신할 수 있다.

⑧ 슈퍼마켓

1년 365일 문을 여는 곳이 많다. 그래도 보통 주중엔 오전 8시부터 오후 10시까지 운영하고 토요일은 좀 더 늦게 일요일은 평일보다 늦게 열고 일

찍 닫는 경우가 있다. 그러나 대형 마트일 경우 늦은 밤 11시나 새벽 1시, 혹
간 24시간 영업하는 곳도 있다. 미국 여행 중 쉽게 찾아볼 수 있는 마켓은 타
겟Target, 코스트코Costco, 월마트Walmart, 케이마트K-mart, 샘스클럽Sam's Club, 비
제이스 홀세일클럽BJ's Wholesale Club 등이다. 마트에 따라 물건의 종류와 가격
이 다르다. 여행자에게 이것저것 챙겨 쇼핑할 수 있는 곳으로는 타겟이 상대
적으로 좋은데, 가격 면에 초점을 둔다면 월마트가 그중 싼 편이다. 월마트도
지역에 따라 어떤 곳은 깨끗하고 물건도 다양한 반면 어떤 곳은 몹시 지저분
하고 물건들의 질이 떨어지기도 하다. 모두 개개인의 취향에 따라 평가는 달
라진다. 다만 너무 지저분하거나 싸구려 물건을 파는 슈퍼마켓 이용은 자제하
는 편이 좋다. 덜컹덜컹하는 차들, 범퍼가 떨어지거나 흠집 난 곳을 적당히 테
이프로 붙이고 감싼 차들이 주차장에 즐비한 데다가, 깔끔하지 못한 복장과
인상 차림의 고객들이 많아 쇼핑보다는 주변을 경계하는 일에 더 신경을 써야
하기 때문이다. 심지어는 어느샌가 뾰족한 못이나 칼로 주차해 놓은 차를 긁
어 버리는 일조차 발생할 수 있으므로 조심해야 한다. 보험을 이미 들어 놓았
다면 렌터카가 입은 흠집이나 찌그러짐 등에 연연해 할 필요는 없겠지만, 여
행의 즐거움을 송두리째 잃어버릴 수 있다.

⑨ 쇼핑몰

보통 오전 10시에서 저녁 9시까지 문을 연다. 일요일엔 12시에 문을 열고
저녁 6시에 닫기도 한다. 미국의 쇼핑몰은 여러 개의 건물이 한데 모여 있는
것이 특징이다. 거대한 주차장이 마련되어 있고 쇼핑은 물론 식사와 영화, 서
점, 운동, 스파 등을 두루두루 갖추고 있다.

⑩ 백화점

보통 오전 10시에 문을 열고 오후 6시에 문을 닫는데 목요일과 금요일은 저

녁 8시나 9시까지 연장하기도 한다. 일요일은 보통 낮 12시에서 오후 5시까지만 영업을 한다. 하나의 쇼핑몰 공간에 여러 개의 백화점이 들어 있는 경우가 대부분이다. 백화점마다 가격과 품질의 차이가 있음은 물론이고 물건의 종류 또한 다르다. 대표적인 백화점은 제이씨페니 JCPenney、메이시즈 Macy's、노드스트 롬 Nordstrom、블루밍데일스 Bloomingdale's、삭스 피프스애비뉴 Saks fifth Avenue、니만 마커스 Neiman Marcus、바니스 뉴욕 Barneys New York 등이다. 큰 부담 없이 쇼핑을 즐기기엔 제이씨페니가 그 중 낮고, 높은 가격대를 찾는다면 삭스 피프스애비뉴나 바니스 뉴욕 등을 찾으면 된다.

⑪ 아웃렛

때 지난 상품들을 파는 곳으로, 보통 오전 9시에서 저녁 9시까지이나 간혹 오전 10시에서 저녁 9시까지인 곳도 있다. 첼시 프리미엄 아웃렛 Chelsea Premium Outlets、탠저 아웃렛 Tanger Factory Outlet Centers、티제이맥스 TJ Maxx、마셜스 Marshalls、노드스트롬 랙 Nordstrom Rack、오프삭스 OffSaks 등이 있다.

도량형

미국은 한국과는 다른 단위를 사용한다. 종종 혼동할 수 있으니 여행 중 자주 접하게 될 몇 가지는 미리 익혀 두는 것도 좋다. 특히 * 표시가 된 것은 자동차 여행을 할 때 아주 많이 보고, 듣고, 쓰게 되므로 대충 환산할 수 있으면 여러모로 편하다. 간략하고 신속한 환산이 필요한 경우엔 스마트폰이나 인터넷의 네이버 Naver나 다음 Daum 사이트에서 '단위변환/미국단위변환'을 검색하여 환산하면 된다.

1인치 inch = 2.54cm
1야드 yard = 91.44cm

미국 동부 렌터카 여행 & 블루리지 파크웨이

* 1피트feet = 30.48cm

* 1마일mile = 1.6km

  1온스once/oz = 28.3g

  1파운드pound/1b = 454g

* 1갤런gallon = 3.78l

온도는 한국과 달리 섭씨C 대신 화씨F로 표시한다. 화씨온도와 섭씨온도의 변환법 계산은 다음과 같다.

섭씨온도를 화씨로 바꿀 경우: (섭씨C×1.8)+32=화씨F

화씨온도를 섭씨로 바꿀 경우: (화씨F−32)×5÷9=섭씨C

변환하는 방법은 간단하지만 막상 환산하려면 얼른 셈하기 어려운 점이 있다. 그러므로 비교적 쉽게 접하거나 익숙한 온도는 대략적인 수치를 익혀 놓으면 편리하다. 화씨 100도는 대략 사람 몸의 체온에 해당한다. 따라서 화씨 100도는 몸의 건강 여부를 판가름하는 기준으로 인식되기도 한다.

섭씨C	−5	−1	1	0	5	10	15	20	25	30	35	38	40
화씨F	23	30	34	35	41	50	59	68	77	86	95	100	104

인터넷과 전화

인터넷

여행 중 유선 인터넷을 사용하는 공간은 그리 많지 않다. 도심의 주택가에 있는 공공도서관을 이용하는 방법이 그 중 쉽고 간단한 편이다. 한국의 PC방과 같은 인터넷 카페가 있긴 하나 그곳을 찾는 일이 쉽지도 않고 그리 많지도 않다.

노트북으로 무선인터넷 Wi-Fi, Wireless Internet을 이용할 수 있는데, 최근 들어 무선인터넷 이용이 자유로운 공간이 많이 생겨나고 있는 추세다. 호텔이나 레스토랑, 공공시설 등에서는 대부분 이용 가능하다. 무선인터넷 이용도 무료인 곳이 있고 유료인 곳이 있다. 특히 숙소를 결정할 때 이 점은 매우 중요하게 고려될 사항이다. www.wififreespot.com에서 미국 여행 중 무선인터넷을 사용할 수 있는 공간을 확인해 두는 것도 좋다.

모바일 브로드밴드 Mobile Broadband 이용도 고려해 둠 직하다. USB 모뎀이나 Wi-Fi 기계와 함께 선불제 데이터 플랜을 구입해 사용하는 것인데 종류가 다양하다. 여행 일정과 사용 정도를 잘 살펴 구입해 사용하면 된다.

전화

해외여행의 경우 중요하게 챙겨야 할 물품 중 하나가 전화일 것이다. 요즘은 보통 스마트폰을 사용하고 있어 현지 도착과 동시 자동 로밍되는 경우가 있어 그리 큰 문제가 되지 않겠으나 무시할 수 없는 정도의 요금이고 보면 이도 찬찬히 살펴 챙겨봄이 좋다.

전화 사용은 한국과 다름이 없다. 단, 미국 내에서는 거는 사람과 받는 사람 모두가 요금을 내야 하는 것이 다르다. 그러나 무선인터넷 Wi-Fi이 가능한 곳에서는 스마트폰으로 무료전화 예컨대, 카카오톡의 보이스톡을 활용하여 전화 걸고 받는 일의 부담을 크게 줄일 수 있다.

미국에서 전화 사용은 여러 가지 다양한 방법으로 요금 지불이 가능하다. 전화카드가 그렇고, 휴대전화에 이용할 수 있는 유심 칩 USIM 칩, Sim 카드이 그렇다. 이 둘 모두 한국과 미국에서 구입 가능하다. 어디서 구입했느냐에 따라 금액에 차이가 있고 또한 사용 방법 익힘 등의 일이 때론 쉽게, 때론 어렵게 뒤따른다는 문제가 동반된다. 중요한 것은 그 두 가지 사용법을 이미 알고 있거나 새로이 익혀 완전히 사용할 줄 알게 되었을 때는 구입해도 좋으나, 생소한 채로 카드를 구입하여 막상 현지에서 사용하려고 하였을 때 제대로 사용할 수 없는 경우도 있으므로 주의해야 한다. 이러한 카드를 이용하려면 여행 전 각각의 통신사를 통하여 전화카드 및 심카드 사용의 편의성을 살펴 확인하는 것이 우선이다. 최근에는 인터넷전화, 국제전화 앱application, 국제전화카드를 이용하는 방법, SNS 음성통화 등의 여러 방법들이 제공되고 있으므로 요금과 통화 품질 등 다양하게 살펴볼 필요가 있다.

국제전화카드

국제전화카드를 구입해 사용하면 일반전화는 물론 휴대전화와 공중전화에서 자유롭게 전화를 걸 수 있을 뿐만 아니라, 일반적으로 다른 국제전화 요금보다 싸서 유리하다. 국내 사이트에서 '수다카드Suda Card'로 검색해 보면 온세모닝카드를 비롯해 여러 종류의 국제전화카드가 제시되어 있다. 카드번호를 입력하여 전화를 거는 방식인데 근래에는 카드번호나 상대방 전화번호를 저장하는 기능도 있어 사용이 편리하며, 선불제인 만큼 지불한 요금 범위 내에서 차감되므로 전화요금에 대한 추가 부담의 우려가 없다. 다만, 070 인터넷전화 또는 외국에 있는 상대방이 한국 전화번호일 경우 걸리지 않는 점에 유의해야 한다.

애플리케이션 Application

인터넷망을 이용하여 통화하는 것으로 pc나 스마트폰에 앱을 깔고 사용하면 된다. 국제전화 완전 무료라고는 하지만 세세히 살펴보면 완전 무료는 절대 아니다. 예를 들면 통화하고자 하는 상대방이 앱을 설치하지 않았을 때 약간의 요금이 부과된다거나 국내 전화요금으로 국제전화를 무제한 사용할 수 있다거나 하는 등등의 변수가 등장하는데 이도 사용하고자 할 때는 여러 매체를 잘 살펴 선택해야 한다. 주로 스카이프Skype가 많이 이용된다. 다음이나 네이버에서 '국제전화 무료사용'을 검색하면 다양한 방법과 매체들이 소개된다.

공중전화

공항이나 터미널, 지하철, 휴게소, 주유소 등에 있다. 동전이나 신용카드를 사용해 전화를 걸 수 있다. 전화를 거는 일뿐만 아니라 공중전화로 전화를 받는 일도 가능하다. 그러나 최근에는 스마트폰이 활성화되면서 공중전화를 찾는 사람이 거의 없고, 공중전화 박스를 찾는 일 자체가 용이하지 않은 편이다.

스마트폰

미국 내에서 스마트폰을 사용하는 방법은 대략 네 가지이다.

첫째, 가장 간단하게 본인이 사용하던 스마트폰을 미국에서 그대로 사용하도록 국내에서 로밍해 가는 방법이다. 편의성이 부여되지만 비싼 요금이 흠이다. 자동차로 여행을 할 때는 내비게이션이 반드시 필요하다. 렌트할 때 받는 경우도 있겠지만 무엇보다 실시간 정확한 길 안내를 받고자 한다면 스마트폰을 활용하는 것이 좋다. 이때 단순 로밍만 했다면 커다란 낭패를 보게 된다. 데이터 사용 요금이 결코 적지 않기 때문이다. 통화는 물론 데이터도 맘 놓고 사용할 수 있는 무제한 로밍 요금제를 신청하는 방법도 긍정적으로 고려해 봄이 좋다. 얻고 잃는 점이 5:5로, 본인이 늘 사용하던 폰과 번호라는 이점과 무섭게 비싼 요금이 동등하게 자리한다. 데이터만 사용한다면 한 달 5만 원 정도로 무제한 사용이 가능한 방법이 있긴 하다. 그러나 전화 통화 요금은 물론 메시지 수신 요금이 별도라 그리 녹록한 방법이 될 수 없음이 문제다.

둘째, 본인의 스마트폰을 사용하되 미국 통신사의 로밍 서비스를 받는 방법이다. 이 역시 비용이 엄청난 편이다. 미국은 전화를 걸 때만 아니라 받을 때도 적잖은 수수료가 붙을 뿐만 아니라 무제한 데이터 신청 비용이 만만치 않다.

셋째, 본인의 스마트폰을 그대로 사용하되 미국 통신사의 유심칩을 구입해 끼워 넣고 사용하는 방법이다. 데이터 양에 따라 비용이 다르지만 앞선 두 가지 방법에 비해서는 저렴하다. 그러나 스마트폰의 뇌를 바꿔버린 셈이기 때문에 본인의 전화번호로 전화를 받을 수 없다는 단점이 있다. 더하여 무제한이라고는 해도 국제전화는 아예 막아 버리고 미국 내 통화와 메시지만 무제한 사용 가능한 경우가 있으므로 유심칩을 살 때는 이 점을 미리 확인해야 한다.

넷째, 미국 현지에서 스마트폰을 임대하여 사용하는 방법이다. 비용 면에서는 유심칩을 바꾸는 비용에다가 임대료만이 덧붙어 유리한 면이 있다. 비교적 긴 기간의 여행을 계획하였다면 단순 로밍보다는 선불제 휴대폰을 새로 구입하는 이 방안을 고려해 볼 수 있다. 선불제Pre-Paid는 말 그대로 요금을 미리 지불한다는 것이다. 일정 금액을 미리 넣어 두면 사용할 때마다 넣어둔 금액에서 사용한 만큼의 요금이 줄어드는 방식이다.

어느 방법이든 사용에 따라 일장일단의 문제가 있으므로, 미국 여행을 하면서 스마트폰을 이용하겠다는 계획을 세웠다면 여러 이동통신사의 제품과 이용료를 비교해 보아 본인에게 가장 유리한 것을 찾아 선택하는 것이 요금 절약을 위한 또 다른 여행의 즐거운 노력이 되지 않을까 한다.

[미국 내 주요 이동통신사 웹사이트]

AT&T	http://wireless.att.com
T-Mobil	www.t-mobil.com
Verizon	www.verizonwireless.com
Sprint	www.sprint.com, www.sprintkorea.co.kr(한국)
Virgin	www.virginmobileusa.com

날씨와 시차, 지도

날씨

미국은 산지와, 고원, 평야와 같이 워낙 넓고 다양한 지형으로 이루어졌고 기후 또한 그러하다. 어느 지역을, 어느 계절에, 얼마동안 여행할 것인지를 결정할 때는 기후와 천재지변이 발생하는 지역 등을 살펴 준비하는 것도 좋을 것이다.

대체로 북동부지역은 봄과 가을이 짧고, 여름은 더우며 습도가 높고, 겨울에는 춥고 눈이 많이 내린다. 남부는 여름은 덥고 습하지만 겨울은 그리 춥지 않다. 서부는 1년 내내 따뜻하고 건조하며 겨울에는 비가 많이 내린다. 그러나 여름에는 비가 거의 내리지 않는다.

계절의 변화나 특성은 한국도 마찬가지이고 세계 어느 나라를 여행하듯 그것이 그리 큰 문제가 되지는 않는다. 다만 나라와 지역 특성상 천재지변의 발생 여부는 여행자라면 누구나 필수적으로 점검해 보아야 할 과제이다.

　미국은 허리케인과 토네이도로 많은 피해를 입고 있다. 남부지역은 매년 6~8월경 허리케인이 도시 전체를 강타하기도 한다. 위력이 대단히 강력하여 커다란 피해를 동반하는 경우도 다반사다. 토네이도는 회오리 폭풍으로 매년 4~6월경 로키 산맥 동쪽의 중부에 나타난다. 북동부의 경우 겨울철 폭설이 매우 심해 도시 전체가 마비되는 경우도 있다. 또한 서부 해안지역에는 지진이 발생하기도 한다. 이런저런 일들을 모두 걱정한다면 여행은 그리 자유롭지 못할 것이다. 특별히 조심해야 할 곳과 기후, 천재지변의 발생 빈도 등을 점검하여 그 해당 계절을 비껴보는 안심여행을 구상해 보는 것이 좋겠다.

　어느 지역, 어느 계절이든 여행 중에는 반드시 그때그때의 일기예보를 확인하도록 한다. 미국기상청 웹사이트는 www.weather.gov이다. 세계기상기구 World Meteorological Organiation, WMO의 홈페이지 www.wmo.int에 접속하면 세계 여러 나라와 지역의 기상 관련 예보 및 정보 등을 찾아볼 수 있다.

시차

　미국의 표준시는 대륙 내의 4개의 시간대, 즉 동부 Eastern Time Zone, 중부 Central Time Zone, 서부 Pacific Time Zone, 중서부산악시간대 Mountain Time Zone로 나뉘어 있고, 본토 밖의 하와이—알래스카 Aleutian Time Zone 시간대가 더 있다. 따라서 미국 본토 안에서도 동부와 서부는 세 시간의 시차를 보여, 동부지역이 세 시간 더 빠르다. 예컨대, 동부 뉴욕 시의 표준시는 오후 6시이지만 서부 로스앤젤레스는 오후 3시가 된다.

　이는 자오선 子午線, Meridian에 따라 정한 것이기 때문에 같은 주라 해도 시차가 생기는 경우가 있다. 특히 플로리다, 아이다호, 인디애나, 미시간, 오리건,

네바다, 텍사스 등은 한 주 안에 두 개의 시간대가 있으므로 여행할 때, 특히 이들 주에서 비행기를 탈 경우 시간차에 각별한 주의를 해야 한다.

여름철에는 서머타임이 실시된다. 애리조나 주와 하와이 주 일부 지역을 제외하고 4월 첫주 일요일에서 10월 마지막 주 일요일까지 1시간씩 앞당겨 시간을 셈한다. 서머타임이 적용되지 않는 기간 중의 한국과의 시차를 예시하면 다음과 같은데, 한국 시간이 미국 본토의 표준시보다 14~17시간 빠르다.

> 한국 ↔ 미국 동부는 14시간 차이 :
>> 서울(10일 낮 12시) ↔ 뉴욕(9일 밤 10시)
> 한국 ↔ 미국 중부는 15시간 차이 :
>> 서울(10일 낮 12시) ↔ 시카고(9일 밤 9시)
> 한국 ↔ 미국 서부는 17시간 차이 :
>> 서울(10일 낮 12시) ↔ 로스앤젤레스(9일 오후 7시)
> 한국 ↔ 미국 중서부산악지대 15~17시간 차이 :
>> 서울(10일 낮 12시) ↔ 콜로라도 주 로키 산 국립공원
>> (9일 오후 6시)

네이버나 다음 사이트에서 '한국과 미국 시차'로 검색하면 여행지의 시간을 쉽게 확인할 수 있다.

지도

여행에서 지도는 필수적이다. 더욱이 렌터카를 이용할 땐 반드시라는 수식어가 따라붙는다. 패키지여행으로 가이드의 안내와 설명을 들으며 하는 경우라면 모를까 지도는 여행객의 필수품이라 할 만하다. 그런데 미국은 땅덩어리가 넓다 보니 한눈에 전체를 다 쭉 펼쳐 볼 수 있는 지도가 많지 않을 뿐만 아니라, 그런 전체 지도, 즉 전도全圖를 구한다 하더라도 실용성이 없다. 따라서

주별로 제작된 지도가 일반적으로 편리하다. 주별 지도는 고속도로변의 휴게소에서 쉽게 무료로 구할 수 있다. 휴게소에는 대체로 주별 지도뿐만 아니라 주변의 관광 명소, 이름난 식당이라든가 숙소 등에 대한 안내 팸플릿들이 비치되어 있으므로 적절히 활용하면 된다. 공항에서는 무료 지도를 구하기 어려운 편이다.

여행을 떠나기 전 한국에서 미리 행선지를 잡고 일정을 맞추기 위해 미국 지도를 살펴보려면 http://nationalatlas.gov를 참조할 수 있다. 또한 www.naver.com이나 www.daum.net과 같은 국내 사이트에 접속하여 '미국지도/미국지도 한글판'으로 검색하면 미국 여행에 참고할 만한 웬만한 지도들은 대부분 살펴볼 수 있다.

환전과 현금 및 카드 사용

환전

미국 공항은 물론 현지 은행에서도 가능하지만 되도록 한국에서 미리 환전해 가는 것이 여러모로 편하다. 수수료도 그렇고 여행지에 따라 지역 은행에서는 한국 돈의 환전 업무를 취급하지 않는 경우도 있을 수 있기 때문이다.

현금으로의 환전은 소지하고 다니는 불편도 있고 도난의 위험도 있어서 큰 금액을 환전하는 것은 이래저래 불편하다. 가급적 카드를 이용하는 것을 기본으로 하고 혹 카드 사용이 안 될 경우를 대비하여 약간의 금액을 환전하는 것이 좋을 듯하다.

한국에서 은행 또는 공항에서 미리 환전할 경우 대개 단위가 큰 지폐로 바꿔주는 일이 흔하다. 한꺼번에 비교적 큰 금액을 현찰로 바꾸다 보니 자연스레 100달러짜리 지폐로 우선하는 수가 많다. 그런데 미국 내에서는 50달러짜리 지폐만 하더라도 드물게 사용되는 편이다. 레스토랑에서 식사를 했을 때라든가, 고급 쇼핑센터에서 비싼 물건을 샀을 경우 정도에서만 유통되는 편이다. 100달러짜리 지폐는 일상적인 소비에서는 거의 사용되지 않는다. 계산을 위해 20달러 이상의 돈을 지불하게 되면 위조지폐인지를 확인하는 절차가 수반된다. 주로 담당 직원이 확인 절차를 밟게 되는데 고객 면전에서 바로 살펴보지 않고 어디론가 잠깐 가서 살펴본 후에 되돌아오는 수가 많다. 그만큼 미국에서는 지폐로 지불할 경우엔 작은 단위의 돈만 사용하는 것이 일반화되어 있다.

따라서 환전 시에는 미국 현지에서 일상적으로 잘 쓰이는 지폐를 여러 장 하는 것이 좋다. 미국 여행을 할 때 많이 쓰이는 지폐는 10달러와 5달러짜리이다. 그렇지만 5달러짜리 지폐로 전부 환전한다면 그 부피가 만만치 않아 보관하거나 가지고 다니기에 몹시 불편하므로 20달러 또는 10달러짜리 지폐를 위주로 하고 50달러 정도의 지폐를 약간 섞어 환전하는 편이 좋을 듯하다. 다만 미국 현지에서 물건을 사고 대중교통을 이용하는 등 일상생활을 하는 과정에서, 그리고 한국과는 다르게 널리 보편화된 팁 문화에 맞추기 위하여 1달러짜리 지폐가 의외로 많이 필요하다는 점을 고려해 두면 좋다.

미국의 화폐 단위와 동전 사용

미국의 화폐 단위는 달러dollar와 센트cent이다. 달러는 한자로는 불弗이라고도 하며 $로 표시한다. 센트는 1달러의 100분의 1, 그러니까 100센트가 1달러인데, ¢로 표시한다. 그러나 실제 일상생활에서 센트를 나타내는 ¢ 기호

미국 동부 렌터카 여행 & 블루리지 파크웨이

는 거의 사용하지 않고, 달러 위주로 계산한다. 예를 들어, 5달러 74센트라면 $5.74로 적는다. 말로 할 때에도 달러 숫자를 읽고 연이어 센트 숫자를 읽으므로, $5.74라면 five seventy-four라고 읽는다.

미국 화폐 1달러의 값은 한국 돈으로 얼마일까? 이것은 그때그때의 시세, 즉 환율에 따라 달라진다. 대체로 1달러에 한국 돈 1,000원에서 1,250원 사이를 오간다고 보면 된다. 환율 차이가 적잖기 때문에 어느 시점에서 환전하고 여행을 다녀오느냐가 비용 면에서 꽤 중요한 변수임은 당연하다.

미국 화폐 중 지폐는 1달러, 5달러, 10달러, 20달러, 50달러, 100달러가 사용된다. 동전은 1센트, 5센트, 10센트, 25센트, 50센트, 100센트 등이 사용되는데, 이 중 50센트짜리는 약간 드문 편이고, 100센트짜리, 즉 1달러 이상에 해당되는 동전은 거의 찾아보기 힘든 편이다. 100센트 미만의 동전들에 대해서 1센트짜리는 페니 penny, 5센트는 니클 nickel, 10센트는 다임 dime, 25센트는 쿼터 quarter, 50센트는 하프 달러 half-dollar라 부른다. 동전 크기순으로 늘어놓고 보면 일반적으로 작은 동전이 액수가 적고 큰 동전이 액수가 많은데, 10센트 즉 다임은 크기가 제일 작지만 액수로는 세 번째에 해당되므로 주의하여야 한다. 동전 중에는 25센트 쿼터가 요긴할 때가 많다. 여행자에게 특히 유용한데, 호텔에서 제공되는 유료 세탁기를 이용할 때나 거리주차 요금을 지불할 때 이 동전이 주로 사용되기 때문이다.

마트에서 물건을 사고 현금으로 계산을 하게 되면 세금을 포함하여 아주 작은 단위까지 계산한 후 잔돈을 정확히 거슬러 준다. 이때 1달러 이하는 모두 동전으로 주게 된다. 그러므로 여행 도중 주머니에 가득 찬 동전을 매번 갖고 다니는 불편함이 따른다. 한국에서 미리 동전용 지갑을 마련해 가는 것도 고려해 봄 직하다. 여하튼 묵직한 동전 꾸러미를 처분하는 요령 중의 하나는 물이나 탄산음료, 초콜릿, 껌, 사탕 등 간단한 쇼핑거리들을 지불하는 데 사용하면 된다. 마트 직원이 동전 셈이 서툰 여행자들을 위해 요리조리 동전의 크기랑 값에 맞추어 집어내며 계산해 주는 친절함을 베푸는 경우가 대부분이다. 이와 반대로 동전이 없어 손해 볼 때도 더러 있다. 예컨대 버스 요금이 2.15달러인 경우 2.5달러를 지불하면 잔돈을 내주지 않기도 한다. 여하튼 동전은 무시해서는 절대 안 될 요소이다. 그런데 여행을 마치고 한국으로 돌아올 때쯤이면 작고 큰 동전이 너무 많아 어떻게 처리해야 할까 고민을 하게 된다. 특히 사용하고 남은 동전은 환전이 불가능하기 때문에 다음 여행에서 다시 쓴다면 모를까 제아무리 많은 금액이라 하더라도 동전은 무용지물이 된다. 기념품 가게에서 아주 작고 싼 선물들을 사는 데 쓰고, 그래도 남으면 어디엔가 기부하는 것이 좋지 않을는지?

카드 사용

여행 중 이런저런 일로 돈을 지불해야 할 때는 신용카드, 국제현금카드/직불카드Debit Card, 여행자 수표, 현금 중 어떤 것을 사용해도 무방하다. 가급적 신용카드나 직불카드로 계산을 하도록 하고 카드 사용이 불편한 곳에서만 현금을 쓰도록 계획을 잡는다면 그리 많은 지폐를 환전하지 않아도 좋을 것이다. 또한 여행 중 현금을 가지고 다니는 불편과 혹시나 발생할 수 있는 도난의 위험을 감소시킬 수 있다.

신용카드

비자VISA나 마스터Master 등이 널리 쓰인다. 그러나 신용카드는 모든 업소에서 다 통용되지 않으므로 유의해야 한다. 호텔이나 대형마트 등 상대적으로 규모가 큰 업소에서는 이렇다 할 문제가 없는 편이지만, 규모가 작은 쇼핑센터를 비롯해 주유소, 동네 마트 등에서는 신용카드가 거절되는 일이 빈번하다. 특히 주유소에서는 우리나라의 우편번호와 같은 다섯 자리 Zip 번호를 입력하게 되어 있는 경우가 많아서 우리나라에서 사용하는 신용카드만으로 지불되지 않는 불편함이 따른다. 거의 모든 일이 주 단위로 이루어지기 때문에 세금은 물론 대학 등록금과 같은 것들도 같은 주 안의 주민인가 아닌가에 따라 달라진다. 신용카드 사용 역시 이에 준한다고 보면 된다.

국제현금카드/직불카드 Debit Card

한국의 체크카드 또는 직불카드와 동일한 개념이다. 미리 돈을 계좌에 입금해 놓고 그 안에서 지불하도록 하는 카드라서 신용카드보다 훨씬 더 편리하게 사용할 수 있다. 미국 내 거의 모든 업소에서 카드로 결제할 때 사용 가능하다. 여행 출발 전에 한국의 거래 은행에서 쓸 만큼의 돈을 입금해 놓고 카드를 만들어 가면 된다. 여러 은행에서 구입 가능하나 한국 내에 자회사를 두고 있는 시티은행 Citi Bank을 활용하는 것도 한 방법이다. 일단 수수료가 저렴한 편이고 미국 전역의 은행과 ATM에서 24시간 현금 인출이 가능하며, 세븐일레븐과 같은 체인점에서도 사용할 수 있는 이점이 있다.

여행자 수표

현금 대신 널리 사용하는 지불 방식 중의 하나다. 현금을 소지하고 다니는 위험과 불편을 대신해 줄 수 있고, 미국은 여행자 수표 사용이 비교적 보편화되고 편하기도 하므로 고려해 봄 직하다. 여행자 수표 역시 현금과 마찬가지로 수표책을 소지하고 다니는 불편도 있고 분실의 문제가 따른다는 약간의 문제점은 있지만 그때그때 사용하기는 편하다. 다만 현지 돈으로 환산하는 과정에서도 수수료를 물어야 하므로 수수료 부담이 있다.

은행 계좌를 통한 거래

관광 및 여행 목적의 미국 방문에서는 굳이 필요하지 않다. 그러나 만부득이 미국 은행을 이용해야 한다면 한국에도 지점을 가지고 있는 은행이 유리할 것이다. 미국 은행으로서 한국에 지점을 가지고 있는 것은 시티은행이다. 은행 이용은 충분히 알아보고 결정하는 것이 좋다. 시티은행의 한국 내 홈페이지는 www.citibank.co.kr이다.

분실물

여권을 분실한 경우

여행 중 여권 분실만큼 난감한 일은 없을 것이다. 여행 출반 전에 복사본을 만들어 원본은 잘 보관해 두고 가급적 복사본을 사용하면 된다. 마트에서 와인이나 맥주 등과 같이 알코올음료를 사려고 하면 반드시 신분증을 보여 달라고 한다. 물론 호텔에서도 마찬가지다. 여행자는 당연히 여권을 보여줘야 하는데 이때도 복사본으로 통용되곤 한다.

혹시나 여권을 분실하였다면 곧바로 분실 지역에서 가장 가까운 한국 재외공관, 즉 대사관이나 영사관으로 가서 여권 분실 신고를 하고 재발급 받으면 된다. 여권 재발급은 보통 7일 정도의 기간이 소요된다. 길다 싶으면 여행증명서를 발급받아 대체하면 된다. 여권을 재발급하게 되면 한국에 돌아와서도 다시 여권을 만들 필요가 없어 좋긴 한데 오래 걸린다는 단점이 있다. 만약 여권을 분실한 날이 주말이나 휴일인 경우에는 외교통상부에서 24시간 운영하는 영사콜센터로 연락하여 처리하도록 한다. 만약의 경우를 대비하여 여행 준비를 할 때 여권 사진 2장을 챙기고, 여권번호와 발급일자 및 유효기간을 외워 두거나 메모해 두는 것이 좋다.

국내 24시 영사콜센터 : 82+2+3210+0404
미국 영사관 : 011+822−3210−0404 (유료)
011+800−2100−0404 (무료)

소지품 분실 및 도난의 경우

소지품을 분실한 경우 가까운 분실물센터에서 확인해 본다. 그곳에 없다면 찾는 일은 포기하는 것이 좋다. 다만 분실이 아니고 도난인 경우에는 경찰서에서 도난증명서를 발급받아야 한다. 카메라와 같은 고가품은 여행자보험 등에서 보상을 받을 수 있다. 그러나 그 금액이 최소한의 범위에 있고 보면 도난이나 분실을 피하는 것이 가장 좋은 방책이다.

여행자 수표의 분실

먼저 한국의 발행 은행에 분실 신고를 한다. 수표 구입 시 받았던 영수증을 확인시키고 재발행하면 된다. 영수증이 없어도 수표 일련번호를 일러주면 조회한 후 사용하지 않은 만큼 재발행 받을 수 있다. 여행자 수표의 일련번호를 적어두는 것이 좋다. 단, 수표의 서명란에 서명을 하지 않았거나, 수표 양쪽에 모두 서명을 한 뒤 분실하였다면 재발급이 되지 않는 점을 유의해야 한다. 여행자 수표를 발급 받을 때 해당 주의 사항을 숙지해 두는 것이 좋다.

항공권 분실

대부분 전자티켓e-티켓으로 발행되는 까닭에 예약번호만 알고 있다면 크게 염려하지 않아도 된다. 재발행은 물론 티켓이 없어도 비행기를 타는 데 아무런 문제가 없다. 반드시 예약번호를 기록해 두도록 한다. 외워 둔다면 더욱 편할 것이다.

현금 및 카드의 분실

현금이나 카드 등을 분실하였을 경우 현금은 가슴이 쓰라리지만 포기하는 것이 좋고, 카드인 경우는 가장 빠른 시간 내 카드 회사에 분실 신고를 하도록 한다. 대부분의 카드사와 은행들은 분실 신고 접수를 365일 24시간 받고 있다.

[카드 분실 신고처]

Citi 카드 분실 고객센터 : 1566-1000 (해외) 82+2+2004+1004
www.citicard.co.kr

KB 국민카드 분실 신고 고객센터 : 1588-1688 (해외)
82+2+6300+7300   www.kbcard.com

신한카드 고객센터 　　 : 1544-7000 (해외) 82+1544+7000
www.shinhancard.com

현대카드 고객센터 　　 : 1577-6200 (해외) 82+2+3015+9200
www.hyundaicard.com

하나카드((舊)외한카드/하나SK카드 통합) 고객센터 : 1800-1111
(해외) 82+2+524+8100
www.hanacard.co.kr

삼성카드 고객센터 　　 : 1588-8900 (해외) 82+2+2000+8100

www.samsungcard.com

롯데카드 고객센터　　: 1588−8100 (해외) 82+1588+8300
　　　　　　　　　　　www.lottecard.co.kr
우리카드 고객센터　　: 1588−9955 (해외) 82+2+2169+5001
　　　　　　　　　　　www.wooricard.co.kr
BC카드 고객센터　　　: 1588−4000 (해외) 82+2+330+5701
　　　　　　　　　　　www.bccard.com

기타 및 여러 가지 팁

안주머니에 손을 넣지 마시오!

미국은 총기 휴대가 자유로운 나라이다. 과속으로 인해 교통경찰이 다가왔을 때 운전석 유리창을 열어둔 채 두 손을 핸들 위에 얌전히 올려놓고 있으면 된다. 문제는 운전면허증을 제시하라 했을 때 무심결에 윗옷 안주머니에서 꺼내주는 일이다. 아뿔싸!! 큰일 날 일이다. 안주머니에 손을 넣으면 휴대한 권총을 꺼내는 걸로 오인해서 교통경찰이 그 자리에서 곧바로 방아쇠를 당길 우려가 농후하기 때문이다. 나중에 하소연해야 소용없는 일이다. 한국에서 생활하다 보면 지갑이라든가 신분증을 상의 안주머니에 습관적으로 넣고 다닌다. 무의식중에 안주머니에서 이런 걸 꺼내곤 한다. 그러나 미국에서는 절대로 안주머니에 손을 넣는 행위를 상대방 앞에서 하면 안 된다. 좀 불편하더라도 바지 뒷주머니에 넣고 다니거나, 눈에 보이는 떨어진 장소에 올려놓도록 하자.

때론 목숨값도 지니고 다녀야

미국 대도시의 밤 으슥한 길거리는 절대 피해야 할 곳이다. 여행자의 생명과 안전을 보호받을 수 없는 곳이다. 도보는 물론이고 자동차라 하더라도 일몰 후에는 이런 곳을 운행하지 않는 일이 중요하다.

그런데 극히 드문 일이긴 하지만 대낮에도 때아닌 강도를 길거리에서 만날 때가 있다. 차량 운행 중이었다면 창문이나 문짝을 절대로 열어주지 말고 되도록이면 그대로 질주하는 게 나을 것이다. 그런데 걸어가다가 마주쳤다든가 아니면 슈퍼마켓 같은 장소에서 그런 일이 벌어진다면 어떡해야 할지 막막하다. 황당하고 그저 두려울 뿐이다. 그러나 곰곰이 생각해 보면 강도 행각을 벌이는 이들이 진짜 얻고자 하는 것이 사람의 목숨 또는 상해를 입히는 일이 아니라, 단지 돈이 아쉬운 경우가 거의 대부분일 것이다. 그래서 이른바 목숨값이랍시고 약간의 돈을 바지 뒷주머니에 넣고 다니다가 내줄 필요가 있다는 말도 있다. 약간의 돈에 대해서 미국 현지에서 생활하는 이들 중에는 그저 한두 끼 끼니를 때울 정도의 20~30달러면 된다고 하기도 한다. 여러모로 참고할 만하다.

아이스박스

여행 기간 동안 자동차에 아이스박스를 가지고 다니면 편하다. 특히 여름철에는 필수적이다. 숙소에서 얼음을 채울 수도 있고, 주유소나 휴게소에서도 얼음을 구입하기가 쉽다. 따라서 얼음과 함께 물이나 음료수, 초콜릿 등 간단한 요깃거리를 넣어 다니면 장거리 운전에 도움이 된다. 물의 경우 마트에서 24병으로 된 500cc짜리가 3~4달러 정도인데, 낱개로 사면 주 또는 업소마다 조금씩 다르긴 하지만 보통 1병에 1달러 이상이고 비싸게는 3달러도 한다.

여행 적바림

개요

* 여행 기간: 2015년 5월 20일~6월 24일까지 (총 36일간)
* 총경비: 1,445만 원

  ① 출발 전 지출 경비: 총 178만 원

  ㄱ. 항공료: 147만 원(@125만 원×1인+마일리지 공제 후 22만 원)

  ㄴ. 여행자보험: 15만 원

  ㄷ. 미국 자동차협회비: 6만 원(한국 지사에 지불. 할인 혜택 볼 기회 없었음)

  ㄹ. 잡비: 10만 원(ESTA 발급수수료 14달러, 상비약 등)

  ② 여행 중 지출 경비: 총 1,267만 원

  ㄱ. 자동차 렌탈비: 362만 원(3,290달러)*

  ㄴ. 숙박비: 426만 원(3,870달러)

....

* 환율은 1달러당 1,100원으로 환산하였고, 1만 원 이하는 반올림하였음. 귀국 후 신용카드에서 추가로 지출된 통행료는 기타에 포함하였음.

ㄷ. 식비: 200만 원(1,819달러)

ㄹ. 주유: 57만 원(520달러)

ㅁ. 기타(주차료, 통행료, 입장료, 선물 등): 222만 원(2,018달러)

여행 기간 중 묵었던 숙소들

위스콘신 주

♣ 오널라스카 동생 집 – 5박

일리노이 주

♣ 시카고 인근 워렌빌

하얏트 플레이스 시카고 워렌빌(Hyatt Place Chicago Warrenville) – 3박

    주소: 27576 Maecliff Dr., Warrenville, Il 60555

    전화: 630 836 9800, Fax: 630 836 9829 (미국 내)

  주변이 아주 좋았다. 마치 관광지에 온 듯한 느낌이 들 정도로 깨끗했다. 가까운 곳에 여러 다양한 형태의 호텔들이 있고 대형 마트와 여러 종류의 음식점들이 있어서 며칠 쉬고 가기에는 좋은 곳이었다. 숙소 또한 가격 대비해 무난한 곳이었다.

오하이오 주

♣ 클리블랜드

하얏트 플레이스 인디펜던스(Hyatt Place Independence) – 1박

    주소: 6025 Jefferson Dr., Independence, Ohio 44131

    전화: 216 328 1069

  나이아가라까지 가는 길이 멀어 중간에 하루 쉬기 위해 묵었던 곳. 전체적으로 어두운 분위기. 약간의 냄새도 나는 듯했으나 큰 문제가 도출된 점은 없다. 무료인 아침

은 간단하게 요기할 정도다. 그러나 직원들은 친절했다.

뉴욕 주

♣ 버펄로

스테이브리지 스위트 버펄로(Staybridge Suites Buffalo) - 3박

주소: 1290 Sweethome Rd., Amherst, NY 14228

전화: 716 276 8750

나이아가라로 가기 위해주변 지역을 찾다가 선택한 곳이었는데 매우 깨끗하고 직원들이 친절해서 3박하는 내내 기분이 좋았다. 세탁실이 별도로 있어 세제만 사면 시설을 무료로 이용할 수 있다. 세탁실에는 우리나라 LG 제품인 세탁기 3대, 건조기 3대 무려 6대가 있다.

세탁과 건조를 단시간에 할 수 있어 여행 중 올 수 있는 세탁의 문제를 말끔히 해결할 수 있어 아주 좋다. 아침은 뷔페식으로 기호에 따라 든든하게 하루를 시작할 수 있는 충분한 양의 음식들이 준비된다. 객실 안에는 커다란 냉장고와 전자레인지에 인덕션까지 있어서 간단한 식사는 직접 해 먹을 수도 있다. 모든 것들이 깨끗하게 정리되어 있다. 비록 숙소 규모가 작긴 해도 이것저것 알차게 준비되어 있어 좋다. 더욱 좋은 점은 나이아가라까지 30분이면 간다는 사실이다. 아침 먹고 나이아가라 가서 하루 종일 놀다 저녁에 와서 간단히 챙겨 먹고 쉴 수 있는 그 정도로도 충분한 곳이었는데 숙박비도 적절하다. 숙소와 거의 붙어 있다 할 수 있는 앞 건물에 식사를 할 수 있는 음식점들이 있다. 가까운 곳에 쇼핑할 곳도 있고 마트도 있다.

♣ 새러토가 스프링스

새러토가 팜스테드 B&B(Saratoga Farmstead B&B) - 1박

주소: 41 Locust Grove Road, Saratoga Springs, NY 12866

전화: 518 587 2074

Email: saratogafarmstead@gmail.com

보스턴으로 가는 중에 하루 묵었던 Bed and Breakfast였다. 방이 아기자기하게 꾸며

져 있었고 깨끗했다. 그러나 침대 매트리스가 물침대처럼 푹푹 빠져서 그런 것에 익숙되지 않았던 나로서는 깊은 잠을 잘 수가 없었다. 아침밥도 매우 부실했다. 주인이 직접 빵을 굽고, 차려주고 하는 성의는 몹시 고마웠으나 그것으로만 인심 넉넉하게 보아주기엔 하루 묵는 값이 너무 비쌌다. 웬만한 호텔값이었다. 연인과 함께 하는 여행이라면 인근에 있는 호수와 공원을 드라이브할 겸 하루쯤 묵어 볼 수는 있겠으나 가족과 함께라면 고려해 볼 여지가 없을 듯하다. 가까운 주변에 역사박물관도 있고 호수도 있어 잠시의 휴식을 맛볼 수는 있다.

매사추세츠 주

♣ 난타스켓 비치 리조트(Nantasket Beach Resort) - 3박

주소: 45 Hull Shore Drive Hull, MA 02045

전화: 781 924 4500, Fax: 781 925 9714

홈피: www.nantasketbeachhotel.com

보스턴으로 가기 위해 해변 휴양지라고 해서 3박하기로 하였는데 잘못 선택한 곳이었다. 주변에 쇼핑할 곳도 별루 없고 마땅한 관광지도 없다. 그러나 한국에서는 볼 수 없는 대서양을 볼 수 있다는 것은 대단히 흥미로웠다. 한국의 강릉 바로 인근한 주문진 정도의 곳이라 생각하면 좋을 듯한 곳이었는데 숙소도 그리 편하지 않았고 청소 상태도 가히 좋다고 할 수 없었다. 주차 공간도 그리 넉넉한 편은 못 된다. 그러나 직원들은 친절하다. 리조트 본관 1층에 식당이 있어서 아침, 점심, 저녁을 해결하는 데는 별문제가 없다. 방에서 직접 주문도 가능하다. 숙소 내 냄새가 매우 심하다. 환기를 전혀 고려하지 않는 듯하다. 환기 문제가 아니라면 바로 앞 바다 냄새일 수도 있겠다 싶다.

인근에 넓은 호수와 같은 만을 끼고 있어 보트도 탈 수 있고, 낚시도 할 수 있다고 하는데 직접 해 보지 않아서 어떤지 모르겠으나 그런 것을 좋아한다면 한번쯤 와 볼 수 있는 곳이다. 우리처럼 보스턴으로 가기 위해, 보스턴 중심지가 복잡하고 호텔값이 조금(?) 부담스러워 변두리 지역을 선택하여 묵는 것이라면 선택해 볼 수는 있겠으나 그리 편하고 좋은 곳은 못 된다.

주변에 음식점도 별로 없다. 작은 가게가 있어 간단한 음식 재료는 준비가 가능하다.

뉴저지 주

♣ 라웨이

홈2 스위트 바이 힐튼-라웨이(Home2 Suites by Hilton - Rahway) - 3박

    주소: 667 East Milton Avenue, Rahway, NJ 07065

    전화: 732 388 5500, Fax: 732 388 5501

뉴욕 도심지를 관광하기 위해 얻은 숙소이다. 숙소에서 간단히 식사를 직접 해 먹을 수 있는 설비가 갖추어져 있다. 건물은 조금 작은 듯하고 겉은 크게 돋보이지 않지만 안은 여느 호텔 못지않게 잘 정돈되어 있다. 매우 깔끔하고 세탁시설도 마련되어 있다. 직원들도 친절하다. 아침 식사 무료이고 공간은 1층 로비와 붙어 있어 비록 좁지만 자유롭게 앉아서 소담하면서 식사를 할 수 있도록 꾸며져 있다.

메릴랜드 주

♣ 베스트웨스턴 플러스 칼리지파크 호텔(Best Western Plus College Park Hotel) - 2박

    주소: 8419 Baltimore Ave., College Park, MD 20740

    전화: 301 220 0505

워싱턴 DC의 도심 내셔널몰까지 50분 정도 걸린다. 메릴랜드대학 주변으로서 다양한 식당과 술을 파는 곳들이 있고 한국식당도 있다. 볼티모어 시의 다운타운과도 1시간 정도 걸린다. 숙소도 대체로 깨끗한 편이나 직원들이 조금 무뚝뚝한 편이다. 그러나 이곳을 기점으로 워싱턴 DC와 볼티모어의 이런저런 곳들을 다녀오기엔 적절한 장소인 듯하다. 한국 유학생들이 의외로 많아서 놀랐다.

버지니아 주

♣ 리치먼드

홈우드 스위트 바이 힐튼 리치먼드(Homewood Suites by Hilton Richmond) – 3박

주소: 4100 Innslake Drive, Glen Allen, VA 23060

전화: 804 217 8000

리치먼드에 있다. 주변엔 다양한 쇼핑과 식사를 할 수 있는 편의시설이 많다. 또한 숙소 인근은 조용하고 숲이 있어 주변은 좋은 편이나 막상 숙소는 청소 상태가 좋지 않다. 냄새도 심하다. 그러나 아침을 무료로 제공해 주고 월요일부터 목요일까지는 맥주와 와인을 포함한 저녁도 무료 제공한다. 하루, 이틀 마음 비우고 지내려면 괜찮을 듯도 하지만 깔끔하고 안락한 휴식을 원한다면 그리 좋은 편이 아니다. 미국은 대체적으로 청소를 깨끗이 하는 편인데 이곳은 영 별루이다. 카펫에 배어 있는 냄새는 깨끗한 청소의 분위기를 망치기에 아주 적절하다. 직원들은 친절하다.

♣ 피셔스빌

햄턴 인 웨인즈보로 / 스튜어츠 드래프트(Hampton Inn Waynesboro / Stuarts Draft) – 1박

주소: 15 Four Square Lane, Fishersville, VA 22939

전화: 540 213 9500, Fax: 540 213 9501

블루리지 파크웨이로 가기 위한 길목에 위치한다. 웨인즈보로와 스톤턴(Staunton)의 가운데 지점이다. 주변 도시들을 탐방하는 재미를 가져보고 싶다면 모를까 우리처럼 블루리지 파크웨이로 가기 위한 것이라면 하루 정도 묵고 갈 곳으로 충분하다. 숙박비가 그리 비싸지 않고 숙소가 깨끗해서 좋다. 아침이 제공된다. 작지만 실내 수영장도 있고 헬스장도 있다. 헬스장은 몹시 작다.

♣ 로어노크

햄턴 인 & 스위트 로어노크 에어포트(Hampton Inn & Suites Roanoke Airport) – 1박

주소: 5033 Valley View Boulevard NW, Roanoke, VA 24012

전화: 540 366 6300

공항 주변에 있다. 주변에 다양한 쇼핑센터와 숙박시설들이 있다. 공항을 이용하는 사람들 때문인지 손님이 꽤 많은 곳이었다. 숙소도 깨끗하고 아침 식사도 괜찮다. 하루 정도 쉬어 가기엔 무난한 곳이다. 특히 월마트가 부근에 있어서 한국 식품을 이용하기에도 괜찮다. 세탁과 건조가 가능하다.

노스캐롤라이나 주

♣ 블로윙 록

메도브룩 인 & 스위트(Meadowbrook Inn & Suites) – 1박

주소: 711 Main Street, Blowing Rock, NC 28605

전화: 828 295 4300

블루리지 파크웨이 길에 인접한 곳이다. 이 길을 천천히 돌아볼 경우 하루 묵어 가면 좋은 곳이다. 숙소 안은 마치 한국의 여관과 비슷한 형태이고 침구나 욕실은 대체로 깨끗한 편이다. 그러나 숙소 내 냄새가 심하고 아침 식사는 무료이지만 지하인 데다가 공터같이 넓은 곳에 커다란 원탁들만 덩그러니 있어서, 마치 공터에서 밥 얻어먹는 듯한 기분을 느끼게 한다. 음식 종류도 그렇고 매우 간단하여 부실한 편이다.

♣ 애슈빌

컨트리 인 & 스위트 바이 칼슨 애슈빌 빌트모어 스퀘어(Country Inn & Suites by Carlson Asheville Biltmore Square) – 1박

주소: 845 Brevard Road, Asheville, NC 28806

전화: 828 670 9000

블루리지 파크웨이에 인접한 도시에 있다. 숙소는 깨끗하고 직원도 친절하다. 하루 정도 묵어가기에 큰 불편이 없다. 세탁과 건조가 가능하다. 단, 각 1대씩이어서 때를 잘 맞추어야 한다. 블루리지 파크웨이를 여행을 할 때는 애슈빌의 빌트모어 저택을 방문해 보는 것도 좋다.

♣ 실바

홀리데이 인 익스프레스 & 스위트(Holiday Inn Express & Suites) - 2박

    주소: 26 Rufus Robinson Road, Sylva, NC 28779

    전화: 888 465 4329

    홈피: www.hiexpress.com

    노스캐롤라이나 주 쪽의, 블루리지 파크웨이 시작점에서 조금 떨어진 마을이다. 블루리지 파크웨이를 가기 위해서는 체로키 마을에 숙소를 잡는 것이 더 편할 수 있다. 마을 주변에 모텔 등의 숙소가 여럿 있다. 블루리지 파크웨이를 완주하고 하루 쉬고 가기에 적당하고, 노스캐롤라이나 주 쪽에서 시작하기 위해 하루 묵기도 적당하다. 시설은 그리 좋진 않지만 직원들이 아주 친절하고 특히 객실 청소가 깔끔하다. 마을 전체가 한국의 산골짜기 마을과 비슷한 곳이라 다녀볼 만한 곳이 그리 많지는 않다. 체로키 마을에는 인디언 마을과 박물관 등 역사적인 볼거리가 몇 있다.

켄터키 주

♣ 렉싱턴

스테이브리지 스위트 렉싱턴(Staybridge Suites Lexington) - 1박

    주소: 125 Louie Place, Lexington, KY 40511

    전화: 859 233 2300

아주 깨끗하다.

일리노이 주

♣ 어바나

컴포트 스위츠 어바나 샴페인(Comfort Suites Urbana Champaign, University Area)

    주소: 2001 North Lincoln Ave., Urbana, Il 61801

    일리노이대학이 있는 곳이다. 깨끗하고 친절해서 좋았다. 아침이 제공되고 Wi-Fi, 주차가 무료임은 물론이다. 가까운 곳에 여러 형태의 숙박시설들이 있다. 많은 한국인들이 거주하고 있는 곳이기에 한국 식당이나 한국 슈퍼 등 아시아 지역의 물건들을

쉽게 구할 수 있는 곳이다.

♣ 시카고 오헤어 공항 인근

햄턴 인 시카고 오헤어 국제공항(Hampton Inn Chicago O'Hare International Airport)

　　주소: 3939 North Mannheim Rd., Schiller Park, Il 60176

　공항에서 가까운 곳에 있는 호텔로서 도로변에 위치해 있다. 아침 식사가 풍성한 편이며 쌀밥과 국거리도 준비되어 있다.

미국의 여행정보 사이트

　미연방 정부에서 직접 운영하는 여행정보 사이트는 www.usa.gov이다. 이곳에 들어가서 여행하고자 하는 목적에 맞는 여러 가지 여행정보를 찾아볼 수 있다. 아래는 미국 중부 및 동부 주 관광사이트들이다. 각 주별로 관광청 웹사이트에 직접 접속할 수도 있다. 여행 전에 한 번쯤 살펴보면 좋을 듯하다.

뉴욕 주New York State	www.iloveny.com
뉴저지 주New Jersey State	www.visitnj.org
뉴햄프셔 주New Hampshire State	www.visitnh.gov
댈러웨어 주Delaware State	www.visitdelaware.com
로드아일랜드 주Rhode Island State	www.visitrhodeisland.com
매사추세츠 주Massachusetts State	www.massvacation.com
메릴랜드 주Maryland State	http://visitmaryland.org
메인 주Maine State	www.visitmaine.com
미시간 주Michigan State	www.michigan.org
버몬트 주Vermont State	www.vermontvacation.com
버지니아 주Virginia State	www.virginia.org

오하이오 주Ohio State	http://consumer.discoverohio.com
워싱턴 DCWashington DC	www.washington.org
웨스트버지니아 주West Virginia State	www.wvtourism.com
위스콘신 주Wisconsin State	www.travelwisconsin.com
인디애나 주Indiana State	www.in.gov/visitindiana
일리노이 주Illinois State	www.enjoyillinois.com
켄터키 주Kentucky State	www.kytourism.com
코네티컷 주Connecticut State	www.ctvisit.com
펜실베이니아 주Pennsylvania State	www.visitpa.com

미국 동부 렌터카 여행 & 블루리지 파크웨이

찾아보기(국문)

찾아보기(영문)

미국 동부 렌터카 여행 & 블루리지 파크웨이